小黑麦种质资源
数量性状的研究及应用

王瑞清　曹新川　郭伟锋　著

东北林业大学出版社
Northeast Forestry University Press
·哈尔滨·

图书在版编目（CIP）数据

小黑麦种质资源数量性状的研究及应用 / 王瑞清，曹新川，郭伟锋著.
—哈尔滨：东北林业大学出版社，2023.7

ISBN 978 - 7 - 5674 - 3256 - 7

Ⅰ.①小…　Ⅱ.①王…②曹…③郭…　Ⅲ.①小黑麦-种质资源-研究　Ⅳ.①S512.402.4

中国版本图书馆 CIP 数据核字（2023）第 129200 号

责任编辑：马会杰

封面设计：骏图工作室

出版发行：东北林业大学出版社（哈尔滨市香坊区哈平六道街 6 号　邮编：150040）

印　　装：北京厚诚则铭印刷科技有限公司

规　　格：180 mm×260 mm　16 开

印　　张：9.5

字　　数：219 千字

版　　次：2023 年 7 月第 1 版

印　　次：2023 年 7 月第 1 次印刷

定　　价：58.00 元

编 委 会

本书编纂人员：

主　编：王瑞清（塔里木大学 农学院）

　　　　曹新川（塔里木大学 农学院）

　　　　郭伟锋（塔里木大学 农学院）

副主编：王有武（塔里木大学 农学院）

　　　　赵书珍（塔里木大学 农学院）

　　　　李　玲（塔里木大学 农学院）

前　　言

　　小黑麦是由小麦和黑麦属间杂交，应用染色体加倍和染色体工程育种方法人工育成的第一个新物种。如今，小黑麦已经发展成为粮食作物、饲料作物、经济作物等领域综合利用的多种用途的新作物。作者在系统总结和凝练自己研究成果的基础上，借鉴了相关领域的研究文献，撰写了此专著，内容主要包括在不同光温条件下小黑麦种子萌发表现、小黑麦种质资源的超干保存机理及相关研究、小黑麦种质资源的老化处理机理及相关研究、小黑麦种质资源的盐胁迫处理机理及相关研究、小黑麦种质资源的数量性状的多元统计分析相关研究以及小黑麦种质资源的数量性状的遗传分析等方面。本书可为麦类作物种质资源相关研究提供帮助。

　　本书所涉及的主要成果来自塔里木大学校长基金（项目编号：TDZKSS09002、TDZKGG201503）关于小黑麦的科研项目。部分成果得到了旱区作物生物学国家重点实验室开放课题（项目编号：CSBAA202209）、塔里木大学重大培育项目（项目编号：TDZKZD202103）、塔里木大学科研创新项目（项目编号：TDGRI202118）的资助。本书的出版得到了塔里木大学农学一流专业建设资金资助。在此一并表示最诚挚的谢意。

　　本书主要内容都是在总结提炼自身研究成果的基础上撰写的，不同程度的借鉴了他人的研究文献，没有过分强调全书内容的系统性和完整性。由于作者研究水平及写作能力有限，回顾全书的写作深感有许多不足之处，恳请同行专家和广大读者批判指正。

作　者
2023 年 3 月

目　录

第一章 概　述

第一节　小黑麦的由来

小黑麦(*Triticosecale Witt*)是由小麦(*Triticum L.*)和黑麦(*Secale L.*)属间杂交,应用染色体加倍和染色体工程育种方法人工育成的一个新作物。如今,小黑麦已经发展成为粮食作物、饲料作物、经济作物等领域综合利用的多种用途的新作物。

1926 年丘歇马克将小麦的拉丁属名首部 Triti 与黑麦的拉丁属名尾部 cale 合在一起,构成了这个新作物的名称,即小黑麦 triticale。至 20 世纪 70 年代,这个新作物的属名正式定名为 *Triticosecale Witt.*。不同倍数的小麦与二倍体黑麦(染色体组为 RR)合成的小黑麦有四倍体(AARR)、六倍体(AABBRR)和八倍体(AABBDDRR)三种类型。小黑麦研究是从八倍体类型开始的,到 20 世纪 50 年代研究转向六倍体类型。到 20 世纪80 年代初还没有从一粒小麦与黑麦杂交直接人工合成的具有明确 AR 染色体组的四倍体黑麦。

1875 年威尔逊在英国爱丁堡植物学会上第一次提出了以小麦为母本,黑麦为父本进行杂交而得到真正杂种的结果,并于次年发表在这个学会的杂志上。但当时对远缘杂交极难获得真正的杂种,偶然得到的杂种又高度不育或完全不能繁殖后代等原因尚不清楚,也不知道克服的方法。这种状况延续了十几年。到 1888 年,德国的育种家林保在普通小麦与黑麦的杂种不育植株的一个穗子上偶然得到了 15 粒种子,其中由 12 粒种子长成的植株在外形上都是一样的,而且能够繁殖后代。这个特殊的结果发表在 1891 年德国农业年报上。这是第一个能自行繁殖后代的小黑麦,后来被称为林保小黑麦(*Triticale rim pau*),它的八倍体性质直到 1935 年才弄清楚。那个结种子的杂种穗子是

1

由于在发育过程中有一部分细胞的染色体数发生了自然加倍,才由不育转变成可育。林保得到的小黑麦像纯种,后代无分离,这对育种者来说是不利的。因为杂种的优缺点似乎一下都被固定了,而没有改进的余地。因此,用一般杂交育种的办法来进行小麦与黑麦的杂交工作,虽然进行了半个世纪,却进展缓慢。那时人们还不清楚种间或属间杂交的自然规律与种内杂交不同,这个自然规律直到 20 世纪 20 年代才逐渐弄清楚。丹麦人 O.温格在 1917 年提出杂交后进行染色体加倍是物种形成的一个途径。在这以后的几十年时间中,六倍体普通小麦的演化历史逐渐被研究清楚。由野生小麦与二倍体山羊草发生天然杂交和杂种染色体数的加倍,产生了四倍体的野生二粒小麦。野生二粒小麦再与山羊草杂交,杂种染色体数加倍,产生了现在广泛栽培的六倍体普通小麦。从这个进化途径来看,小黑麦就具有特殊的意义。八倍体小黑麦是完全在人为的控制下使六倍体普通小麦在多倍体发展途径上又前进了一步。在这个意义上来研究八倍体小黑麦问题就与前一阶段作为一般小麦杂交育种所进行的工作有了本质的不同。这个转变发生在 20 世纪 30 年代,小黑麦就由以一般的小麦杂交育种为特点的第一阶段进入了以多倍体育种为特点的第二阶段。20 世纪 30 年代是植物细胞遗传研究发展的兴盛时期。通过对种间杂种的染色体组分析,人们基本上弄清了杂种不育的原因。单倍体因不能进行正常的减数分裂而不育,而当它的染色体数加倍后,就成了可育的纯种二倍体。不育的种间杂种也一样,当它的染色体数加倍后,就成了可育的纯种四倍体。自然界的多倍体物种就是这样形成的。这就是说,人们不仅能培育新品种,还能制造多倍体新物种。1937 年人们发现了导致染色体数加倍的特效药"秋水仙素"。这就排除了人工制造植物多倍体新物种的最后一个技术障碍。由普通小麦与黑麦杂交所得的八倍体小黑麦原始品系都不同程度地存在结实率不高、种子皱瘪不饱满这样两个严重的缺点。它们的减数分裂也不正常。虽然每个染色体都有它的同源染色体,但仍大量出现单价体。这些单价体一般估计是由黑麦染色体造成的。无疑,这对结实率会产生不利的影响。经过近 20 年的工作,小黑麦的结实率和种子饱满度虽然有所提升,但仍未达到生产上要求的正常水平,而且产量也一直未赶上普通小麦的推广品种。1954 年桑切斯-蒙格和蒋有兴共同提出一个理论,认为八倍体小黑麦杂交之所以不易获得成功,是因为它的染色体数目(56 个)已经超过最适宜数目的限度。因此,他们的结论是六倍体小黑麦可能更有前途。此后,国际上的小黑麦工作就逐步转向六倍体类型。

第二节　小黑麦的种类

一、八倍体小黑麦

我国在 1951 年开展了小黑麦研究工作。当时鲍文奎等认为国际上八倍体小黑麦研究工作之所以进展缓慢,主要是因为小黑麦种质资源过于贫乏。小黑麦既没有栽培资源,也不存在野生资源。所有小黑麦的种质资源都得由人工制造出来。中国春是极易与黑麦杂交的普通小麦,以中国春为"桥梁",先进行普通小麦品种间的杂交,而后用杂种第一代或第二代作母本与黑麦进行杂交。这样,母本的配子在基因型上是各不相同的,与黑麦杂交后所得的每粒杂交种子,都是潜在的一个小黑麦原始品系。这个制种办法的效率就要比以品种作母本的办法高得多。中国农业科学院作物育种栽培研究所在1957～1965年期间,用这个制种办法制造了4 700多个小黑麦原始品系,从制得的八倍体小黑麦原始品系中,选择亲本配制大量的杂交组合,到1964年在一些小黑麦的杂交组合后代中已选出结实率达到80%左右,种子饱满度达到生产上可以接受的一些选系。其中有一个选系定名为小黑麦3号。1973年小黑麦3号在贵州威宁试种成功,到1978年在贵州省内推广1.6万 hm²,全国总计曾达2.5万 hm²。这是八倍体小黑麦作为新的粮食作物第一次大面积在生产上推广应用。20世纪50年代以来,六倍体小黑麦迅速发展。加拿大的L.H.谢比斯基在1954年开始了六倍体小黑麦研究工作,到1969年培育出第一个品种罗思耐(Rosner)。1964年勃劳格在墨西哥的国际玉米小麦改良中心开始研究小黑麦,开展有许多国家参加的国际小黑麦协作试验。初期的工作也主要集中在改进小黑麦的结实率。到1968年获得第一个结实率正常的六倍体小黑麦品种犰狳(Armadillo)。以后又陆续选育出一些品种,在世界各地进行试种推广,使国际上的小黑麦研究工作迅速地发展起来。

二、六倍体小黑麦

由于四倍体小麦与黑麦杂交的胚囊常常不能发育成具有发芽能力的种子,所以就需要用胚培养的方法来获得六倍体小黑麦原始品系。这就使它的制种工作要比八倍体类型困难得多。但当这两种类型的小黑麦杂交时,杂种第一代是七倍体,第二代及以后各代迅速趋向于六倍体类型,而几乎不能得到八倍体类型的植株。这是由于D组染色体很快消失的结果。这一点在育种上使六倍体小黑麦的杂交育种很容易利用八倍体类型的种质资源,而八倍体小黑麦就极不易利用六倍体类型中的优良特性,除非在它们的杂种第一代时再与八倍体类型进行一次回交,使杂种后代的D组染色体向积累的方向发展。如不通过制种而通过种间杂交直接利用普通小麦的种质资源,八倍体就比六倍体类型方便。因为八倍体小黑麦与六倍体普通小麦杂交所得的七倍体杂种,它的后代的染色体数能向两极分化,即失掉R组染色体而趋向普通小麦,或积累R组染色体而趋向小黑麦。当六倍体小黑麦与普通小麦杂交时,所得的六倍体杂种,它的D组染色体和R组染色体都是单套的,所以后代的分离情况就要复杂得多。但这种杂交方式是利用普通小麦来改良六倍体小黑麦的捷径,因为它越过了困难的制种程序,因此,曾一度作为小黑麦育种的重要手段而被推荐给六倍体小黑麦育种工作者。这个办法在国际玉米小麦改良中心的小黑麦育种工作中尤为突出。瑞典人A.默克在1975年报道了国际玉米小麦改良中心培育的 33 个六倍体小黑麦选系的分析结果,发现其中只有 4 个选系(Vaca、Cione-Snoopy、DR-IRA 和 Beagle)是具有全套 R 组染色体的真正六倍体小黑麦,而其余 29 个选系都是不同程度的代换系,即 D 组的一些染色体替代了 R 组的一些同型染色体。被替代的 R 组染色体可由一对到六对。例如罗思耐和犰狳等 8 个选系是 2R 被 2D 所替代的代换系。而 E2392 等 3 个选系只剩了 6R,其余 6 对 R 组染色体都被 D 组染色体所替代。R 组染色体被替代的对数越多,选系的外表特性越接近于普通小麦,因此被称为小麦型的小黑麦(Wheaty triticale)。事实上,这些已经不再是严格意义上的六倍体小黑麦。六倍体小黑麦同它的四倍体小麦亲本一样,蛋白质含量可以是高的,但一般烘烤面包的性能不好。这一特点已知与 D 组染色体有关。具有 D 组染色体的八倍体小黑麦的烘烤性能较好,可制作面包或馒头,因此,在六倍体小黑麦的 D 代换系中是否能找到烘烤性能好的选系,就成为育种家所关注的问题。在这一方向发展下去,D、R 两组的染色体可能会组成一系列的新组合,其中有些组合会是很有经济价值的。这类所谓小麦型的小黑麦,它们将是一类特殊的六倍体,其染色体组构成将是 AABBDR,即第三个染色体组是由 D 组和 R 组的染色体组成的。20 世纪 70 年代 K.D.克罗洛从六倍体小黑麦与黑麦的回交后代中分离出 3 个四倍体小黑麦,它们的 R 组染色体都是全套的,而另外一组则是由 A 组、B 组的染色体组成的,"Trc4×2"具有 1A、2B、3B、4B、5B、6A、7B;"Trc4×3"具有 1A、2B、3A、4A、5B、6A、7B;"Trc4×5"具有 1A、2B、3B、4A、5A、6A、7B。在四倍体、六倍体、八倍体这三类小黑麦的原始品系中,四倍体小黑麦的减数分裂是最好的,有 60.1% 的花粉母细胞没有单价体。但结实率反而是三类中最低的,只有 29.9%。

从 20 世纪 30 年代到 80 年代的半个世纪中,小黑麦研究工作在应用和基础方面做出了重要贡献。在基础工作方面,不但由第一阶段的单纯八倍体类型扩大到所有可能的三种类型以及 A 组、B 组,D 组、R 组染色体的重新组合形成新的混合型染色体组,而且在细胞遗传和性状遗传方面开展了广泛的研究。在应用方面八倍体和六倍体类型的小黑麦都已经有一些品种在生产上推广,但至今仍未能进入普通小麦的主产区。主要原因是单产不够高,种子饱满度、质量不够好。由于小黑麦抵抗不良环境的能力要比普通小麦强,所以在气候条件多变、土壤比较瘠薄的山区,种植普通小麦产量低而不稳,黑麦和小黑麦的产量就常常能够显著地超过普通小麦,小黑麦也就容易在这些地方被推广。在畜牧业发达的地区,如欧洲和北美,也有将小黑麦作为饲料作物来进行栽培的。当小黑麦在单产和种子质量上有重大突破,且在小麦主产区与普通小麦的高产品种竞争的时候,小黑麦的研究与应用就会展现新的面貌。

第二章 小黑麦种子萌发条件

种子萌发和幼苗生长是一个复杂的植物生理生化、物质代谢过程,受其内部或外部植物生长物质的调控作用,而表现出种子活力、幼苗生长、形态特征、细胞组织、物质代谢等方面的效应,直接或间接影响植物的营养生长和生殖生长,进而影响植物的生物产量、经济产量、营养品质及安全性等。研究表明种子的萌发和萌发后幼苗的生长是内外因素相互作用的结果。外因是指适宜的光照、温度、水分和氧气等,内部因素是指种子自身是否具有足够的储备和是否具有利用这些储备在接受外部信号后启动各种生命活动的生物化学反应的能力。

在 2005 年初,波兰的 Roman Holubowicz(2005)对根茎型禾草羊草和牧冰草种子进行发芽检测,结果表明:低温处理的种子萌发率均有显著提高;羊草种子萌发率基本一致;牧冰草种子以−18℃处理效果最好。东北林业大学园林学院杨利平(2000)报道,光照对有斑百合、川百合和毛百合种子萌发有明显促进作用,可缩短种子萌发时间,提高种子萌发率。王生华(2013)对草珊瑚种子萌发进行了研究,结果表明,光照和温度对草珊瑚种子的发芽率和发芽指数影响极显著。王金淑(2012)以苘麻种子为试材,研究了光照、温度、pH 值以及浸种温度对苘麻种子萌发率的影响。结果表明,苘麻种子为需光种子,温度 15～30℃、pH 值 4～8 的条件下萌发率较高;使用 30～60℃的温水对苘麻种子浸种,萌发率均显著高于对照。中国科学院闫兴富(2006)研究了望天树种子萌发对持续光照、14 h 光照/10 h 黑暗周期性光照的反应。结果表明,持续光照不同程度降低了种子萌发率,30℃是种子的最适萌发温度。

在研究过程中,有不少试验都涉及温度与光照条件对种子萌发的过程,但是试验中的萌发对象都是其他种子,王瑞清等(2016)以小黑麦种子为萌发对象,通过不同温度(恒温、变温)和光照(光照、黑暗)条件的设置,初步探讨了其对小黑麦种子萌发的影响,以便明确小黑麦种子萌发的最佳条件,旨在为今后的小黑麦研究提供科学的依据。

第一节　恒温与光照对小黑麦种子萌发的影响

一、不同恒温条件下小黑麦种子萌发性状的方差分析

方差分析表明,除在光照条件下,发芽率($P=0.062\,8$)、胚芽长($P=0.434\,1$)、胚根数($P=0.278\,3$)差异不显著外,其他性状间在不同条件下差异均达到了显著或极显著水平(表 2-1),因此可以进一步对试验资料进行分析。

表 2-1　小黑麦种子相关性状的方差分析表

测定指标	变异来源	平方和	自由度	均方	F 值	P 值
发芽势	A	7.84	6	1.31	422.76	0.000 1
	B	0.03	2	0.01	4.56	0.016 1
	A×B	0.176	12	0.014 7	4.743	0.000 1
发芽率	A	6.48	6	1.08	104.7	0.000 1
	B	0.06	2	0.03	2.96	0.062 8
	A×B	0.393 9	12	0.032 8	3.184	0.002 7
发芽指数	A	53 376.01	6	8 896	404.57	0.000 1
	B	287.87	2	143.94	6.55	0.003 4
	A×B	3 122.756 7	12	260.229 7	11.834	0.000 1
活力指数	A	4 634.77	6	772.46	110.87	0.000 1
	B	60.08	2	30.04	4.31	0.019 8
	A×B	1 444.696 5	12	120.391 4	17.28	0.000 1
胚芽干重	A	1.58	6	0.26	148.51	0.000 1
	B	0.02	2	0.01	6.09	0.004 7
	A×B	0.128 2	12	0.010 7	6.007	0.000 1
胚根干重	A	0.97	6	0.16	171.71	0.000 1
	B	0.01	2	0.01	7.84	0.001 3
	A×B	0.21	12	0.017 5	18.62	0.000 1
胚芽长	A	1 532.75	6	255.46	296.16	0.000 1
	B	1.47	2	0.73	0.85	0.434 1
	A×B	45.508 4	12	3.792 4	4.397	0.000 2

测定指标	变异来源	平方和	自由度	均方	F 值	P 值
胚根长	A	955.4	6	159.23	189.51	0.000 1
	B	14.07	2	7.04	8.38	0.000 9
	A×B	161.112 9	12	13.426 1	15.979	0.000 1
胚根数	A	253.66	6	42.28	159.87	0.000 1
	B	0.7	2	0.35	1.32	0.278 3
	A×B	9.662 5	12	0.805 2	3.045	0.003 7

注:A 为温度(为 10℃、15℃、20℃、25℃、30℃、35℃和 40℃),B 为光照[为持续光照(L)、持续黑暗(N)和光照/黑暗(L/N,12 h)],A×B 为光温互作。

二、不同恒温条件下小黑麦种子萌发性状的比较

(一)不同恒温条件下小黑麦种子发芽势的比较

在温度为 15℃、20℃、25℃、30℃条件下,三种光照条件下小黑麦种子的发芽势相比较均较高(图 2-1)。在全光照与全黑暗条件下,发芽势在 30℃时均达到最高值,分别为 80.67%、85.33%;在光照/黑暗(12 h)条件下,发芽势在 25℃时达到最高值为 86.00%。在温度为 10℃、35℃、40℃条件下,三种光照条件下小黑麦种子的发芽势相比较均较低,在 40℃条件下,小黑麦种子无萌发迹象。

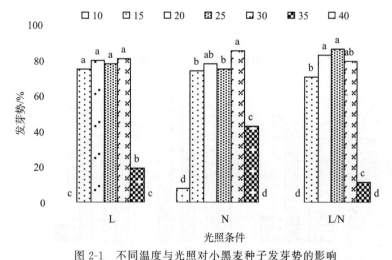

图 2-1　不同温度与光照对小黑麦种子发芽势的影响

注:图或表中英文字母表示同组方差分析,小写字母表示 0.05 水平,大写字母表示 0.01 水平下同。

(二)不同恒温条件下小黑麦种子发芽率的比较

在温度为 10℃、15℃、20℃、25℃、30℃条件下,小黑麦种子的发芽率相比较均较高

(图 2-2)。在全光照条件下,发芽率在 20℃时达到最高值为 90.00%;在全黑暗条件下,发芽率在 15℃、20℃时达到最高值均为 88.67%;在光照/黑暗(12 h)条件下,发芽率在 25℃时达到最高值为 86.00%。在温度为 35℃、40℃条件下,三种光照条件下小黑麦种子的发芽率相比较均较低,在 40℃条件下,小黑麦种子无萌发迹象。

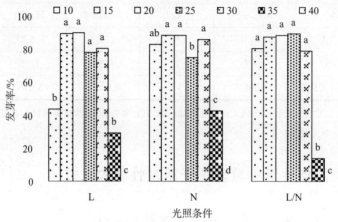

图 2-2　不同温度与光照对小黑麦种子发芽率的影响

(三)不同恒温条件下小黑麦种子发芽指数的比较

在温度为 15℃、20℃、25℃、30℃条件下,三种光照条件下小黑麦种子的发芽指数相比较均较高(图 2-3)。在全光照与全黑暗条件下,发芽指数在 30℃时均达到最高值,分别为 76.58%、94.88%;在光照/黑暗(12 h)条件下,发芽指数在 25℃时达到最高值为 84.93%。在温度为 10℃、35℃、40℃条件下,三种光照条件下小黑麦种子的发芽指数相比较均较低,在 40℃条件下,小黑麦种子无萌发迹象。

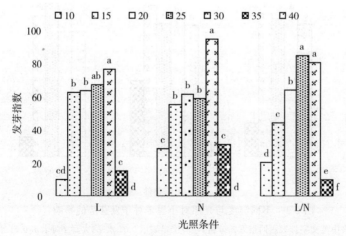

图 2-3　不同温度与光照对小黑麦种子发芽指数的影响

(四)不同恒温条件下小黑麦种子活力指数的比较

在全光照,温度为 15℃、20℃、25℃、30℃条件下,小黑麦种子的活力指数相比较均较高,在25℃时达到最高值为84.93%(图2-4);在全黑暗与光照/黑暗(12 h)条件下,小黑麦种子的活力指数相比较均较低,在全黑暗、20℃时,活力指数达到最高值为21.60%;在光照/黑暗(12 h)、25℃条件下,活力指数达到最高值为31.41%。在温度为10℃、35℃、40℃条件下,三种光照条件下小黑麦种子的活力指数相比较均较低,在40℃条件下,小黑麦种子均无萌发迹象。

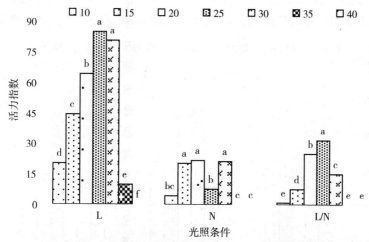

图2-4 不同温度与光照对小黑麦种子活力指数的影响

(五)不同恒温条件下小黑麦种子萌发后幼苗干重的比较

在温度为15℃、20℃、25℃、30℃条件下,三种光照条件下小黑麦种子的胚芽干重相比较均较高(图2-5)。在全光照条件下,胚芽干重在25℃时达到最大值为0.33 g;在全黑暗条件下,胚芽干重在15℃时达到最大值为0.38 g;在光照/黑暗(12 h)条件下,胚芽干重在25℃时达到最高值为0.48 g。在温度为10℃、35℃、40℃条件下,三种光照条件下小黑麦种子的胚芽干重相比较均较低,在40℃条件下,小黑麦种子无萌发迹象。

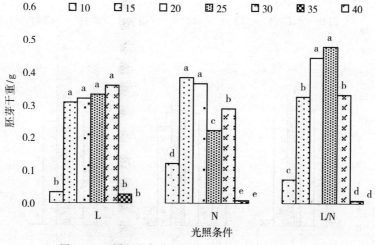

图2-5 不同温度与光照对小黑麦种子胚芽干重的影响

(六)不同恒温条件下小黑麦种子萌发后幼根干重的比较

在温度为 15℃、20℃、25℃、30℃ 条件下,三种光照条件下小黑麦种子的胚根干重相比较均较高(图 2-6)。在全光照条件下,胚根干重在 20℃ 时达到最大值为 0.24 g;在全黑暗条件下,胚根干重在 15℃ 时达到最大值为 0.37 g;在光照/黑暗(12 h)条件下,胚根干重在 20℃ 时达到最高值为 0.39 g。在温度为 10℃、35℃、40℃ 条件下,三种光照条件下小黑麦种子的胚根干重相比较均较低,在 35℃、40℃ 条件下,小黑麦种子无萌发迹象。

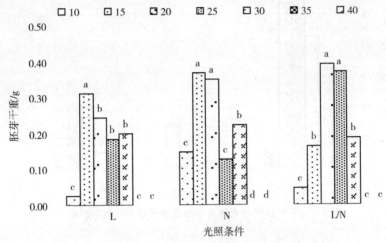

图 2-6　不同温度与光照对小黑麦种子胚根干重的影响

(七)不同恒温条件下小黑麦种子萌发后幼芽长度的比较

在温度为 15℃、20℃、25℃、30℃ 条件下,三种光照条件下小黑麦种子的胚芽长相比较均较高(图 2-7),均在 25℃ 时达到最大值,分别为 11.43 cm、11.48 cm、15.34 cm;在温度为 10℃、35℃、40℃ 条件下,三种光照条件下小黑麦种子的胚芽长相比较均较低,在 40℃ 条件下,小黑麦种子无萌发迹象。

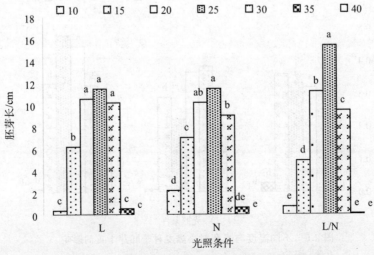

图 2-7　不同温度与光照对小黑麦种子芽长的影响

（八）不同恒温条件下小黑麦种子萌发后幼根长度的比较

在温度为 15℃、20℃、25℃、30℃条件下，三种光照条件下小黑麦种子的胚根长相比较均较高（图 2-8）。在全光照条件下，胚根长在 20℃时达到最大值，分别为 8.16 cm；在全黑暗条件下，胚根长在 20℃时达到最大值，分别为 11.15 cm；在光照/黑暗（12 h）条件下，胚根长在 25℃时达到最大值，分别为 11.73 cm。在温度为 10℃、35℃、40℃条件下，三种光照条件下小黑麦种子的胚根长相比较均较低，在 40℃条件下，小黑麦种子无萌发迹象。

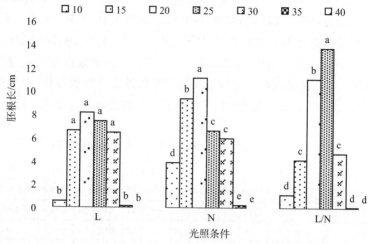

图 2-8　不同温度与光照对小黑麦种子根长的影响

（九）不同恒温条件下小黑麦种子萌发后幼根数目的比较

在温度为 15℃、20℃、25℃、30℃条件下，三种光照条件下小黑麦种子的根数相比较差异不明显（图 2-9）。在全光照条件下，胚根数在 20℃时达到最大值为 5.3；在全黑暗条件下，胚根数在 15℃时达到最大值为 5.13；在光照/黑暗（12 h）条件下，胚根数在 25℃时达到最大值为 5.27。在温度为 10℃、35℃、40℃条件下，三种光照条件下小黑麦种子的胚根数相比较差异明显，在 40℃条件下，小黑麦种子无萌发迹象。

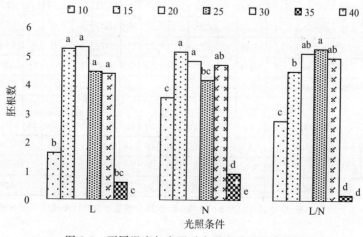

图 2-9　不同温度与光照对小黑麦种子根数的影响

三、不同恒温条件下小黑麦种子萌发性状的综合评价

通过 9 项测定指标的位次分析(表 2-2)发现,发芽势指标下处理组合 A_4B_3、A_5B_2、A_3B_3、A_5B_1、A_3B_1 表现较好;发芽率指标下处理组合 A_3B_1、A_2B_1、A_4B_3、A_3B_2、A_3B_3 表现较好;发芽指数指标下处理组合 A_5B_2、A_4B_3、A_5B_3、A_5B_1、A_4B_1 表现较好;活力指数指标下处理组合 A_4B_3、A_3B_3、A_3B_2、A_5B_2、A_2B_2 表现较好;胚芽干重指标下处理组合 A_4B_3、A_3B_3、A_2B_2、A_3B_2、A_5B_1 表现较好;胚根干重指标下处理组合 A_3B_3、A_4B_3、A_2B_2、A_3B_2、A_2B_1 表现较好;胚芽长指标下处理组合 A_4B_3、A_4B_2、A_4B_1、A_3B_3、A_3B_1 表现较好;胚根长指标下处理组合 A_4B_3、A_2B_2、A_3B_3、A_3B_2、A_3B_1 表现较好;胚根数指标下处理组合 A_3B_1、A_4B_3、A_2B_1、A_2B_2、A_3B_3 表现较好。通过 9 项测定指标的综合位次分析,表现最好的处理组合为 A_4B_3(25℃、L/N)。结果表明,小黑麦种子萌发最适条件为 25℃、光照/12 h 黑暗(12 h)。

表 2-2 不同光温条件下小黑麦种子萌发性状的综合评价

处理	发芽势		发芽率		发芽指数		活力指数		胚芽干重		胚根干重		胚芽长		胚根长		胚根数		平均位次
	平均数	位次	平均数	位次	平均数	位次	平均数	位次	平均数	位次	平均数	位次	平均数	位次	平均数	位次	平均数	位次	
A_1B_1	0.00	18	0.44	15	9.99	17	0.39	15	0.03	15	0.03	15	0.35	17	0.54	15	1.63	15	16
A_1B_2	0.08	16	0.83	9	28.81	14	4.24	13	0.12	13	0.15	12	2.19	13	3.91	13	3.57	13	13
A_1B_3	0.00	17	0.81	11	20.16	15	0.95	14	0.07	14	0.05	14	0.77	14	1.14	14	2.77	14	14
A_2B_1	0.75	9	0.89	2	62.29	8	19.35	6	0.31	10	0.31	5	6.15	11	6.63	7	5.23	3	7
A_2B_2	0.74	11	0.89	6	55.09	11	20.21	5	0.38	3	0.37	3	7.04	10	9.41	4	5.13	4	5
A_2B_3	0.71	12	0.87	7	44.27	12	7.31	11	0.33	7	0.16	11	4.89	12	4.13	12	4.47	9	12
A_3B_1	0.80	5	0.90	1	63.76	7	15.59	7	0.32	9	0.24	6	10.52	5	8.16	5	5.30	1	3
A_3B_2	0.78	7	0.89	4	61.51	9	21.60	3	0.37	4	0.35	4	10.18	6	11.15	2	4.83	7	4
A_3B_3	0.83	3	0.89	5	64.03	6	25.01	2	0.44	2	0.39	1	11.22	4	11.08	3	5.10	5	2
A_4B_1	0.78	8	0.78	13	67.29	5	12.41	10	0.33	7	0.18	10	11.43	3	7.42	6	4.43	10	9
A_4B_2	0.75	10	0.75	14	58.72	10	7.44	11	0.22	12	0.13	13	11.48	2	6.60	8	4.17	12	11
A_4B_3	0.86	1	0.89	3	84.93	2	31.41	1	0.48	1	0.37	2	15.34	1	13.74	1	5.27	2	1
A_5B_1	0.81	4	0.81	10	76.58	4	15.59	7	0.36	5	0.20	8	10.16	7	6.44	9	4.37	11	8
A_5B_2	0.85	2	0.86	8	94.88	1	21.18	4	0.29	11	0.22	7	9.00	9	5.98	10	4.70	8	6
A_5B_3	0.79	6	0.79	12	80.68	3	14.98	9	0.33	7	0.19	9	9.42	8	4.72	11	4.97	6	10
A_6B_1	0.19	14	0.29	17	15.03	16	0.00	16	0.03	16	0.00	16	0.53	16	0.16	17	0.60	17	17
A_6B_2	0.43	13	0.43	16	31.15	13	0.00	17	0.01	17	0.00	17	0.63	15	0.21	16	0.93	16	15
A_6B_3	0.11	15	0.14	18	9.71	18	0.00	18	0.00	18	0.00	18	0.12	18	0.05	18	0.00	18	18
A_7B_1	0.00	19	0.00	19	0.00	19	0.00	19	0.00	19	0.00	19	0.00	19	0.00	19	0.00	19	19
A_7B_2	0.00	20	0.00	20	0.00	20	0.00	20	0.00	20	0.00	20	0.00	20	0.00	20	0.00	20	20
A_7B_3	0.00	21	0.00	21	0.00	21	0.00	21	0.00	21	0.00	21	0.00	21	0.00	21	0.00	21	21

注:A 为温度,B 为光照。A_1 至 A_7 分别表示为 10~40℃;B_1 至 B_3 分别表示为持续光照(L)、持续黑暗(N)和光照/黑暗(L/N,12 h)。

　　种子萌发需要适宜的水、氧气、温度或光照等环境因子,不同种子萌发所需环境条件不同。对于多数植物的种子来说,只要有适宜的水分、氧气、温度条件就可萌发。然而因生境和种类的不同,影响种子萌发的主要因子也存在差异,光照是某些植物种子萌发必不可少的条件。而本研究结果表明,不同的光照条件对小黑麦种子萌发指标有不同的影响,但相比较而言,12 h 光照/12 h 黑暗的光照条件更适合小黑麦种子的萌发。不同植物种类的种子萌发所需的温度条件也不同。种子在萌发过程中进行着活跃的代谢作用,因此,在一定温度范围内,随温度的升高种子的萌发进程加快,但过高的温度会使种子的一些生理活性物质(如酶)变性而影响萌发。本研究结果表明,温度是影响小黑麦种子萌发的主要因素,其萌发的适宜温度为25℃。综上所述,在进行小黑麦种子萌发和育苗时,一定要注意适宜的温度和光照,控制好适宜的光温条件是小黑麦种子萌发的关键技术,本研究结果将为今后的小黑麦研究提供科学的依据。

第二节　变温与光照对小黑麦种子萌发的影响

一、不同变温条件下小黑麦种子萌发性状的方差分析

　　方差分析表明,除在光照条件下,发芽势($P=0.083\ 3$)、发芽率($P=0.060\ 1$)、活力指数($P=0.136\ 8$)、胚根干重($P=0.255\ 3$)差异不显著,以及几个性状的光温互作想差异不显著外,其他性状间在不同条件下差异均达到了显著或极显著水平,因此可以进一步对试验资料进行分析(表 2-3)。

表 2-3　小黑麦种子相关性状的方差分析表

测定指标	变异来源	平方和	自由度	均方	F 值	P 值
发芽势	A	3.996 6	5	0.799 3	150.501	0.000 1
	B	0.028 3	2	0.014 2	2.665	0.083 3
	A×B	0.050 8	10	0.005 1	0.956	0.496 2
发芽率	A	4.385 5	5	0.877 1	315.751	0.000 1
	B	0.016 9	2	0.008 5	3.043	0.060 1
	A×B	0.039 1	10	0.003 9	1.407	0.216 5
发芽指数	A	24 401.601 6	5	4 880.320 3	230.242	0.0001
	B	372.311 1	2	186.155 6	8.782	0.000 8
	A×B	203.115 8	10	20.311 6	0.958	0.494 8

测定指标	变异来源	平方和	自由度	均方	F 值	P 值
活力指数	A	1 787.948 9	5	357.589 8	34.982	0.000 1
	B	42.999 3	2	21.499 6	2.103	0.136 8
	A×B	202.169 7	10	20.217	1.978	0.065 8
胚芽干重	A	0.962 1	5	0.192 4	130.531	0.000 1
	B	0.020 8	2	0.010 4	7.049	0.002 6
	A×B	0.038 6	10	0.003 9	2.621	0.016 6
胚根干重	A	0.418 2	5	0.083 6	33.086	0.000 1
	B	0.007 2	2	0.003 6	1.418	0.255 3
	A×B	0.043 2	10	0.004 3	1.708	0.116 6
胚芽长	A	813.931 5	5	162.786 3	151.836	0.000 1
	B	12.424 2	2	6.212 1	5.794	0.006 6
	A×B	36.902 8	10	3.690 3	3.442	0.003
胚根长	A	705.089 2	5	141.017 8	104.363	0.000 1
	B	63.604 3	2	31.802 2	23.536	0.000 1
	A×B	66.336 9	10	6.633 7	4.909	0.000 2
胚根数	A	142.397 9	5	28.479 6	154.166	0.000 1
	B	1.466 1	2	0.733	3.968	0.027 7
	A×B	12.178 3	10	1.217 8	6.592	0.000 1

注:A 为温度(为 10～15℃、15～20℃、20～25℃、25～30℃、30～35℃、35～40℃),B 为光照[持续光照(L)、持续黑暗(N)和光照/黑暗(L/N,12 h)],A×B 为光温互作。

二、不同变温条件下小黑麦种子萌发性状的比较

(一)不同变温条件下小黑麦种子发芽势的比较

在温度为 15～20℃、20～25℃、25～30℃条件下,三种光照条件下小黑麦种子的发芽势相比较均较高(图 2-10)。在全光照与全黑暗条件下,发芽势在 25～30℃时总体较高,分别为 82.67%、86.00%;在光照/黑暗(12 h)条件下,发芽势在 25～30℃时达到最高值为 90.00%。在温度为 10～15℃、30～35℃、35～40℃条件下,三种光照条件下小黑麦种子的发芽势相比较均较低。

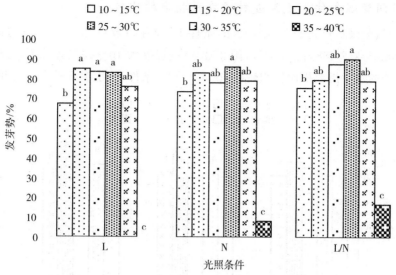

图 2-10　不同温度与光照对小黑麦种子发芽势的影响

(二)不同变温条件下小黑麦种子发芽率的比较

在温度为 10~15℃、15~20℃、20~25℃、25~30℃、30~35℃条件下,小黑麦种子的发芽率相比较均较高(图 2-11)。在全光照条件下,发芽率在 10~15℃时达到最高值为 94.00%;在全黑暗条件下,发芽率在 10~15℃时均达到最高值为 92.00%;在光照/黑暗(12 h)条件下,发芽率在 10~15℃时达到最高值为 96.67%。在温度为 35~40℃条件下,三种光照条件下小黑麦种子的发芽率相比较均较低。

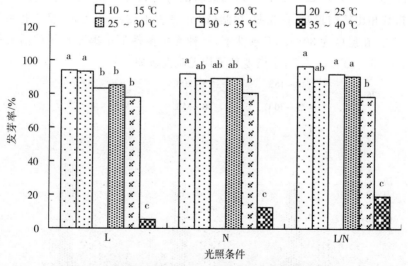

图 2-11　不同温度与光照对小黑麦种子发芽率的影响

（三）不同变温条件下小黑麦种子发芽指数的比较

在全光照、全黑暗及光照/黑暗（12 h）条件下，发芽指数在 25～30℃时均达到最高值，分别为 65.65％、70.88％、73.39％（图 2-12）。在温度为 10～15℃条件下，三种光照条件小黑麦种子的发芽指数相比较均较低，在 35～40℃条件下，小黑麦种子萌发迹象较弱。

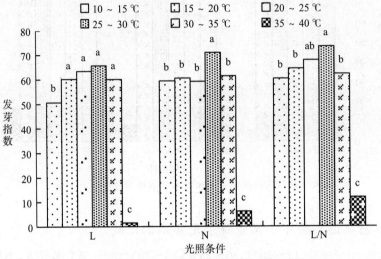

图 2-12　不同温度与光照对小黑麦种子发芽指数的影响

（四）不同变温条件下小黑麦种子活力指数的比较

在全光照，温度为 15～20℃、20～25℃、25～30℃条件下，小黑麦种子的活力指数相比较均较高（图 2-13），在 20～25℃时达到最高值为 19.47％；在全黑暗条件下，小黑麦种子的活力指数相比较均较低，在光照/黑暗（12 h）条件下、20～25℃时，活力指数达到最高值为 14.41％。在温度为 30～35℃条件下，三种光照条件下小黑麦种子的活力指数相比较均较低，在 35～40℃条件下，小黑麦种子均无萌发迹象。

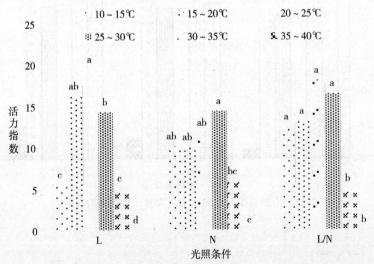

图 2-13　不同温度与光照对小黑麦种子活力指数的影响

（五）不同变温条件下小黑麦种子萌发后幼芽干重的比较

在温度为 15～20℃、20～25℃、25～30℃条件下，三种光照条件下小黑麦种子的胚芽干重相比较均较高（图 2-14）。在三种光照条件下，胚芽干重在 25～30℃时均达到最大值为 0.45 g、0.34 g、0.38 g。在温度为 10～15℃、30～35℃条件下，三种光照条件下小黑麦种子的胚芽干重相比较均较低，在 35～40℃条件下，小黑麦种子萌发迹象极弱。

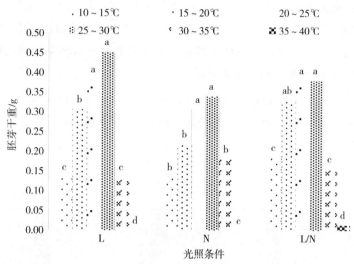

图 2-14　不同温度与光照对小黑麦种子胚芽干重的影响

（六）不同变温条件下小黑麦种子萌发后幼根干重的比较

在温度为 15～20℃、20～25℃、25～30℃条件下，三种光照条件下小黑麦种子的胚根干重相比较均较高（图 2-15）。在全光照条件下，胚根干重在 20～25℃时达到最大值为 0.31 g；在全黑暗条件下，胚根干重在 20～25℃时达到最大值为 0.20 g；在光照/黑暗

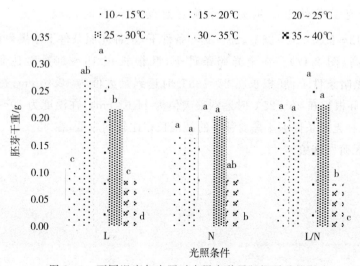

图 2-15　不同温度与光照对小黑麦种子胚根干重的影响

(12 h)条件下,胚根干重在 20～25℃时达到最高值为 0.27 g。在温度为 10～15℃、30～35℃ 条件下,三种光照条件下小黑麦种子的胚根干重相比较均较低,在 35℃～40℃ 条件下,小黑麦种子无萌发迹象。

（七）不同变温条件下小黑麦种子萌发后幼芽长度的比较

在温度为 15～20℃、20～25℃、25～30℃ 条件下（图 2-16）,在全光照条件下,胚芽长在 25～30℃时达到最大值为 10.55 g;在全黑暗条件下,胚芽长在 15～20℃时达到最大值为 11.00 g;在光照/黑暗(12h)条件下,胚芽长在 20～25℃时达到最高值为 11.55 g。在温度为 10～15℃、30～35℃ 条件下,三种光照条件下小黑麦种子的胚芽长相比较均较低,在 35～40℃ 条件下,小黑麦种子萌发迹象极弱。

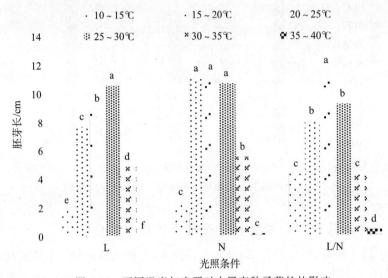

图 2-16 不同温度与光照对小黑麦种子芽长的影响

（八）不同变温条件下小黑麦种子萌发后幼根长度的比较

在温度为 15～20℃、20～25℃、25～30℃ 条件下,三种光照条件下小黑麦种子的胚根长相比较均较高(图 2-17)。在全光照条件下,胚根长在 15～20℃时达到最大值为 8.27 cm;在全黑暗条件下,胚根长在 20～25℃时达到最大值为 12.40 cm;在光照/黑暗 (12 h)条件下,胚根长在 20～25℃时达到最大值为 11.61 cm。在温度为 10～15℃、30～35℃ 条件下,三种光照条件下小黑麦种子的胚根长相比较均较低,在 35～40℃ 条件下,小黑麦种子几乎无萌发迹象。

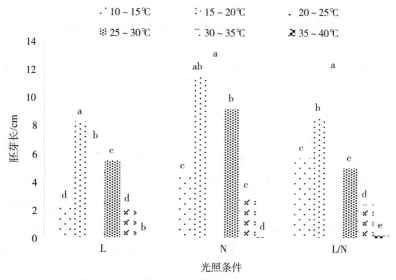

图 2-17　不同温度与光照对小黑麦种子根长的影响

(九)不同变温条件下小黑麦种子萌发后幼根数目的比较

在温度为 10~15℃、15~20℃、20~25℃、25~30℃ 条件下,三种光照条件下小黑麦种子的根数相比较差异不明显(图 2-18)。在全光照条件下,胚根数在 15~20℃ 时达到最大值为 5.03;在全黑暗条件下,胚根数在 20~25℃ 时达到最大值为 4.70;在光照/黑暗(12 h)条件下,胚根数在 10~15℃ 时达到最大值为 5.83。在温度为 30~35℃ 条件下,三种光照条件下小黑麦种子的胚根数较少,在 35~40℃ 条件下,小黑麦种子几乎无萌发迹象。

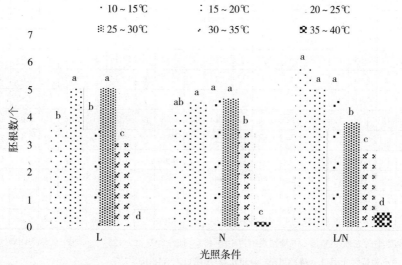

图 2-18　不同温度与光照对小黑麦种子根数的影响

三、不同变温条件下小黑麦种子萌发性状的综合评价

通过9项测定指标的位次分析发现(表2-3),发芽势指标下处理组合 A_4B_3、A_4B_2、A_3B_3、A_2B_1、A_3B_1 表现较好;发芽率指标下处理组合 A_1B_3、A_1B_1、A_2B_1、A_1B_2、A_3B_3 表现较好;发芽指数指标下处理组合 A_4B_2、A_4B_3、A_3B_3、A_2B_3、A_4B_1 表现较好;活力指数指标下处理组合 A_3B_1、A_3B_3、A_4B_3、A_2B_1、A_4B_2 表现较好;胚芽干重指标下处理组合 A_4B_1、A_3B_1、A_3B_3、A_4B_2、A_4B_3 表现较好;胚根干重指标下处理组合 A_3B_1、A_2B_1、A_3B_3、A_4B_3、A_4B_1 表现较好;胚芽长指标下处理组合 A_3B_3、A_3B_2、A_2B_2、A_4B_2、A_4B_1 表现较好;胚根长指标下处理组合 A_3B_3、A_3B_2、A_2B_2、A_4B_2、A_2B_3 表现较好;胚根数指标下处理组合 A_1B_3、A_3B_3、A_2B_2、A_2B_1、A_4B_1 表现较好。通过9项测定指标的综合位次分析,综合表现最好的处理组合为 A_3B_3 组合。结果表明,小黑麦种子萌发最适条件为 20~25℃、光照/黑暗(12 h)。

表2-3　不同光温条件下小黑麦种子萌发性状的综合评价

处理	发芽势		发芽率		发芽指数		活力指数		胚芽干重		胚根干重		胚芽长		胚根长		胚根数		平均位次
	平均数	位次	平均数	位次	平均数	位次	平均数	位次	平均数	位次	平均数	位次	平均数	位次	平均数	位次	平均数	位次	
A_1B_1	0.67	15	0.94	2	50.63	15	5.52	13	0.14	14	0.11	12	1.83	15	2.30	14	3.63	12	13
A_1B_2	0.73	14	0.92	4	59.35	13	10.11	10	0.14	15	0.17	10	2.33	14	4.44	11	4.17	9	11
A_1B_3	0.75	13	0.97	1	60.26	10	12.49	8	0.19	10	0.21	6	4.26	13	5.69	8	5.83	1	10
A_2B_1	0.85	4	0.93	3	60.15	11	16.24	4	0.31	7	0.27	2	7.62	9	8.27	6	5.03	4	4
A_2B_2	0.83	6	0.88	9	60.48	9	9.97	11	0.22	9	0.16	11	11.00	3	11.43	3	4.53	5	9
A_2B_3	0.79	8	0.88	10	64.34	5	13.10	7	0.33	6	0.20	9	7.98	8	8.53	5	5.03	3	7
A_3B_1	0.83	5	0.83	12	63.37	6	19.47	1	0.38	2	0.31	1	8.88	7	6.55	7	3.97	10	5
A_3B_2	0.78	11	0.89	8	59.12	14	11.78	9	0.31	8	0.20	7	11.09	2	12.40	1	4.70	6	8
A_3B_3	0.87	2	0.92	5	67.76	3	18.07	2	0.38	3	0.27	3	11.55	1	11.61	2	5.05	2	1
A_4B_1	0.83	7	0.85	11	65.65	4	14.27	6	0.45	1	0.22	5	10.55	5	5.44	9	5.03	8	6
A_4B_2	0.86	3	0.89	7	70.88	2	14.41	5	0.34	5	0.20	8	10.66	4	9.17	4	4.67	7	2
A_4B_3	0.90	1	0.91	6	73.39	1	16.43	3	0.36	4	0.23	4	9.15	6	4.96	10	3.83	11	3
A_5B_1	0.76	12	0.78	15	60.04	12	5.05	12	0.14	13	0.08	13	4.80	11	2.06	15	3.03	14	15
A_5B_2	0.79	9	0.81	13	61.30	8	5.90	10	0.18	11	0.08	14	5.50	10	3.05	12	3.50	13	12
A_5B_3	0.79	10	0.79	14	62.15	7	5.01	14	0.08	16	0.08	15	4.31	12	2.45	13	2.83	15	14
A_6B_1	0.00	18	0.05	18	1.56	18	0.00	18	0.00	18	0.00	18	0.00	18	0.00	18	0.00	18	18
A_6B_2	0.08	17	0.13	17	6.14	17	0.00	17	0.00	17	0.00	17	0.14	17	0.06	17	0.17	17	17
A_6B_3	0.17	16	0.19	16	11.89	16	0.00	16	0.01	16	0.00	16	0.41	16	0.20	16	0.53	16	16

注:A为温度,B为光照。A1至A6分别表示为10~15℃、15~20℃、20~25℃、25~30℃、30~35℃、35~40℃;B1至B3分别表示为持续光照(L)、持续黑暗(N)和光照/黑暗(L/N,12 h)。

第三章 小黑麦种质资源的超干保存

　　小黑麦已经发展成为粮食作物、饲料作物、经济作物等领域综合利用的多种用途的新作物。1876 年,英国学者 Wilson 首次报道了小麦与黑麦杂交成功的消息,在以后的近一个世纪中,各国学者克服种种困难,通过对小黑麦不断深入的研究与探索,终于在 1969 年由加拿大曼尼托巴大学育成了第一个商用注册六倍体小黑麦品种,并开始应用于生产。1986 年在澳大利亚召开了第一届国际小黑麦会议,会上成立了国际小黑麦协会,并决定每四年召开一次国际小黑麦会议。我国小黑麦研究的奠基人鲍文奎院士于 20 世纪 50 年代初最早在我国系统地开展了小黑麦的研究,在 20 世纪 70 年代中后期选育出一批有直接利用价值的八倍体小黑麦品种(系)。新疆小黑麦的研究与应用起步较晚,但在 20 世纪 80 年代以来,石河子大学麦类作物研究所曹连莆教授和他的科研团队成员一直坚持小黑麦研究,特别在近十年来的研究中取得许多成果,除引育成功一批小黑麦新品种外,还在小黑麦应用的部分基础理论开展了一定的研究。目前,小黑麦种植面积日趋减少,面临许多优良的小黑麦种质资源从地球上消失,必须进行长期保存的问题。

　　作物种质资源是国家的宝贵财富,安全、长期、有效地保护作物种质资源对人类的生存与发展具有重要意义。因此,种质资源保存已成为全球性关注的热点课题。当今世界各国在保存植物种质资源时把较多的注意力放在建设现代化低温种子库上,低温种子库虽是目前种质保存的最佳手段,但建设投资大,技术要求高,电源要有保障,常年运作的维修费用高。寻求取代低温库的其他经济简便的种质保存方法便成为一件必要的事情。于是,种质资源的超干节能保存技术的研究在这种客观条件下应运而生了。关于小黑麦种质资源保存的研究国内外尚不多见或保存技术不成熟。针对以上现状,选择以六倍体小黑麦品种及其部分种质资源为研究对象,开展小黑麦种质资源收集、评价以及种子超干保存技术研究,实现其种质资源的长期安全保存。

第一节　小黑麦种质资源保存研究

一、种质资源保存现状

植物种质资源保存是指以天然或人工创造的适宜环境来保存种质资源,使个体中所含有的遗传物质保持其遗传完整性,有高的活力,能通过繁殖将其遗传特性传递下去,并减少繁殖过程中的遗传漂变,在保存过程中把遗传变异控制到最低。一般来讲,植物种质资源的保存可以分为两种途径:就地保存和异地保存。就地保存指通过保护植物原来所处的自然生态环境来保护植物种质。异地保存是指把植物体迁出其自然生长地进行保存,包括种子保存、植株保存、离体保存等方式。

种子保存是针对正常型种子进行的。这类种子可在含水量为 5% 以下,温度为 0℃以下而不受伤害。绝大多数农作物都属于这一类型。进行种子保存的作物材料必须隔一定时间在田间轮繁更新一次,以免丧失生活力。在轮繁时还应保持一定的种植规模,入库时作为样本的种子应具有一定容量,例如有研究表明玉米种质保存中,入库群体材料每份具有 3 000～5 000 粒种子为宜。此外,要最大限度地减少基因漂变,还必须尽可能地减少轮繁代数,这就要求种子保存的时间要尽可能地长。

种子保存有自然种质库、低温种质库、超干燥保存、超低温液氮保存等方法。自然种质库是利用干燥寒冷的自然条件建立的种质库,库房温、湿度没有加以控制,随季节而变化,如青海西宁自然库(卢新雄,1995)。低温种子库依据其库内温度高低分为三类:长期库(-10～18℃),种子寿命 50～70 年,甚至超过 100 年;中期库(0～5℃),种子寿命 15～20 年;短期库(15～20℃),种子寿命为 3～5 年。利用低温种子库,种子在保存前还须经过生活力检测、干燥、密封包装等一系列保存前处理,以保证种质资源长期安全保存。低温种子库虽是目前种质保存的最佳手段,但建设投资大,技术要求较高。寻求取代低温库的其他经济简便的方法便成为一件必要的事(赵晓燕,2005)。种子超干燥保存,就是把种子的含水量降得比长期库存时的含水量还要低(通常低于 5%),这样可以把种子贮存在常温下,而获得与低温库贮存的同样效果。这种保存方法 1986 年首先在英国里丁大学展开研究,之后在我国展开研究(郑光华,1989)。由于其投资少、节省能源、提高种子寿命等特点,可以预料,超干燥种子贮存前景广阔。还有一些超低温液氮(-196℃)保存植物种子的研究,大多是从适宜的含水量、包装材料、种子类型及解冻、化冻方法等方面研究贮藏效果,试验时间从十几分钟至几天,最长的仅 42 个月。由于缺乏稳定的液氮源,且在实际应用中需频繁补充液氮,用该法保存种子不如低温库方便(卢新雄,2003),更没有超干燥种子保存的广阔前景。

二、种质资源超干保存研究

由于种子超干保存技术能够大幅度降低建造种子库及维持运转的费用,是一种种子超干节能保存技术,在植物种质资源保存领域具有巨大的应用前景和经济效益,在国际上引起广泛关注,各国科学家已对超干处理提高种子耐藏性达成共识。种子超干的研究,始于 1973 年,Roberts(英国)首次提出预测种子贮藏寿命的基本活力方程,认为种子含水量的作用和贮藏温度的作用在某种意义上可以相互替代,因此可以通过降低种子含水量在适当温度下,达到与高含水量和低温下同样的贮藏效果。我国相对于英国来说对超干种子的研究起步较晚,1989 年郑光华首次开展研究,并在超干种子细胞学和生理方面取得一定进展。目前,对种子超干保存的研究已经在种子超干燥技术与干燥损伤、种子贮藏时最佳含水量的确定、超干种子吸胀损伤与回湿处理、超干种子保存效果的预测(人工老化)、超干贮藏种子的生理生化变化及遗传稳定性等方面都开展了不同程度的研究。

(一)种质资源超干燥处理方法研究

种子超干燥的方法主要有饱和盐溶液干燥法、真空冷冻干燥、干燥剂干燥法、恒温干燥箱干燥法、微波干燥法。用饱和盐溶液可以知道确切的相对湿度,但不方便,因此使用较少。用真空冷冻干燥法处理种子,在 24 h 内真空冷冻干燥效果较好,时间再长效果甚微,油料种子及小粒种子用冷冻干燥可快速达到超干目的,蛋白质类和淀粉类种子用冷冻干燥法很难使含水量降到很低(胡小荣,1993;张云兰,1996)。许多超干贮藏研究者都是用干燥剂来获得超干种子,其中又以使用氧化钙和硅胶为最多。不同干燥剂的干燥能力不同,种子的失水速率和干燥后能达到的最低水分有明显的差异,且硅胶干燥法比其他冷冻干燥法更经济,更有效(孙爱清,2003)。恒温干燥箱干燥法是指将种子放到,恒温干燥箱进行干燥,往往与干燥剂干燥配合使用。有研究表明,微波干燥具有干燥速度快、种子发芽率高、病虫害杀死率高、环保节能、易于自动化控制等特点(朱德泉,2004;杨俊红,2004)。胡小荣(2005)以 9 种作物 11 个品种的种子为实验材料,将种子干燥(干燥箱与硅胶干燥结合)成不同的含水量(1.2%～12.7%),密闭包装后于不同温度和不同气候区常温保存,定期检测种子的活力和生活力变化情况。结果表明,种子最适含水量随着贮藏温度的升高而降低,种子最适含水量相对应的平衡相对湿度也随着贮藏温度的升高而降低。随着贮藏温度的降低,种子寿命不断延长,在 50～20℃ 的范围内,每降低 15℃,种子寿命延长 10 倍。在 2%～12% 的种子含水量范围内,随着种子含水量的降低,种子寿命不断延长,每降低 1% 的含水量,种子寿命延长 1.1 倍。崔凯(2008)以 7 个树种的种子为材料,选取含水量、包装方法、保存温度和回湿方法 4 个因素,进行超干燥保存一年。研究结果表明,含水量、包装方法、保存温度和回湿方法都不同程度地影响种子超干保存效果。其中含水量是决定因素,回湿方法也有一定影响,不同树种种子其超干保存最适含水量和回湿方法并不一致,包装方法和保存温度对种子超干保存效果的影响很小。种子超干保存的最适含水量不因保存温度而变。依据种子组分和形态大致归类,油脂类种子耐干性较好,大粒种子比小粒种子耐干性好,组分和原生境都是影响种子耐干性的因素。

(二)超干种子最佳含水量研究

种子贮藏时最佳含水量的确定乃为当今种子界研究的热点。适宜含水量指种子在一定贮藏条件下能保持较长种子寿命的含水量范围。随着种子干燥过程中含水量降低,自由水不断失去,在达到含水量下限之前,种子内部结构水可能还保留着,大分子水膜尚未破坏。含水量下限可能是种子已干燥到最佳状态,即自由基清除系统效能最高,虽然该水分下自由基的水平也高,且可能使该水分下以水分为介质的劣变反应受抑,脂质过氧化程度降低,从而使种子活力最高。最佳含水量的确定为种子超干贮藏提供了可靠的水分指标,使得低水分下的耐藏性充分发挥,更有利于种质资源的保存。如果在含水量下限下进一步干燥,可能导致过氧化物毒害加剧,以致种子活力下降(张云中,1996)。对许多种子来说,有两个含水量得以确认,一个是最佳含水量,贮藏在这个含水量下可最大限度地延长种子寿命;还有一个是下限临界含水量,低于这个含水量种子寿命将不再延长,两个含水量之间的范围代表种子贮藏的最佳水分。至于这两个含水量是相同的值,还是不同的值(有一个种子含水量的最佳范围),目前尚不清楚(Walters,1998)。实验已证明,许多作物种子都可进行超干贮藏,但不同类型种子耐干程度差异较大,种子寿命并非始终随含水量的降低而呈对数增长,研究表明,当种子水分低于下限临界含水量,种子寿命便不再延长,甚至会出现干燥损伤(Ellis,1990;Vertucci,1994)。

(三)超干种子的吸胀损伤研究

超干种子在萌发时重新吸水会受到吸胀损伤的。解决超干种子的吸胀损伤是种子超干贮藏技术的重要环节。经过超干后的种子细胞膜透性受到不同程度的影响,但对于大多数种子而言,这并非来自超干处理,而是由于极度干燥的种子吸水后会造成损伤。种子的吸胀损伤以大粒豆科作物种子表现最甚,吸胀损伤的程度取决于种子含水量、吸水速率和所处的温度。防止吸胀损伤的办法就是发芽前对超干种子进行回湿处理(饱和水汽平衡、不同相对湿度梯度平衡、PEG 渗调等),使超干种子有一个缓慢的吸水过程,对膜进行修复,改善膜的选择透性,从而避免种子在吸胀过程中由于大量物质渗漏而造成的活力下降。但不同作物种子有不同的特性以及化学组成,要求的回湿方法也不相同(张云兰,1996),适当的回湿方法将大大提高超干种子的活力水平。

(四)超干种子的人工老化处理

为了及时了解种子的超干贮藏效果,许多研究者采取高温储藏来促进种子老化,但是,高温老化的种子能否反映种子在实际贮藏条件下的老化情况是研究者们一直争论的问题。Ellis 等(1990)认为 $-13\sim80℃$ 范围内,种子的老化规律是一致的,因此他们采用 65℃ 作为种子老化温度;而 Vertucci 等(1990)认为,超干燥种子对热变性的抗性高于非超干燥种子,但是这种耐热性与种子耐储性之间的关系还有待于研究,耐热性很好的超干种子未必具有很好的耐储性,因此 65℃ 高温下获得的种子最佳水分未必适合于低温条件下的种子储藏。陶梅(1996)对小麦种子、胡承莲(1999)对水稻种子用45℃高温老化表明,种子耐热性和耐储性是不太一致的。

(五)超干种子贮藏过程中的生理生化研究

在正常生理状态下,自由基的产生和消除处于平衡状态,只有当种子处在不利的物理和化学因素下,产生的自由基得不到消除,或者内源性自由基的产生和消除失去平衡时,自由基对机体常常会造成损伤(Wang,1981;Parrish,1978;Droillard,1987)。超干处理使种子内自由基水平增高,而回水处理和吸胀过程中自由基可以得到明显有效地清除(曾广文等,1998)。丙二醛是种子在贮藏过程中随着劣变的发生而逐渐积累的有毒的脂质过氧化产物,其含量常用以表示种子中脂质过氧化程度;挥发性醛类物质释放是种子脂质经过各种途径氧化的综合结果,可以反映脂质过氧化导致的劣变程度(Wilson,1986;洪也民,1988)。超干种子在贮藏过程中的丙二醛及挥发性醛类物质释放量都低于未超干种子,这是超干种子耐藏性得到很大改善的反映(程红焱等,1991,1994;张明方,1998;汪晓峰,1999;胡家恕等,1999;朱诚等,1994,2000)。超干贮藏过程中种子脂质过氧化程度的减弱,与大分子水膜失去导致自由基毒害加剧的传统说法相矛盾,其机理可能是在脱水过程中,特异蛋白质以及可溶性糖等物质代替水保护了生物大分子,使其免受自由基伤害。Priestley等(1985)则认为种子中自由基在低水分下运动受阻表明超干贮藏的种子含有高水平的抗氧化剂和自由基螯合剂,对种子进一步劣变具有高的清除活性氧的潜在能力,从而延缓种子老化,延长贮藏寿命。超氧歧化酶、过氧化物酶及过氧化氢酶是种子自身抵制活性氧、清除自由基的酶促系统(Leprince等,1990)。

(六)超干种子贮藏过程中的遗传稳定性研究

种子超干燥的目的是在节能的前提下有效地保存种质资源,防止种质资源的丢失。这就要求超干燥的种质资源的遗传是相对稳定的,不能因为超干燥及超干燥贮藏而影响其遗传的稳定性。程红焱等(1991)研究表明超干种子胚根尖细胞亚细胞水平上的发育状况良好,线粒体、内质网、细胞核的结构正常,双层膜结构清晰可辨。李灵芝(1999)研究认为小麦、玉米反复回湿前后,酯酶和过氧化物酶等位酶没有发生明显变化。陶梅(2000)将贮藏6年的小麦和谷子经酯酶等位酶检测,未发现遗传变异。王述民(2001)利用酯酶、过氧化物酶、超氧化物歧化酶等等位酶,研究小豆种质资源遗传多样性,效果较好。胡小荣(2005)对小麦、莴苣、水稻贮藏种子的遗传稳定性进行研究,结果表明超干燥本身不会引起种子贮存的遗传变异,但种子发芽率低于50%时,其种子根尖细胞染色体的畸变率会明显升高。刘信(2003)认为超干处理能提高种子的贮藏稳定性。超干提高种子贮藏稳定性的原因之一是超干种子内抗氧化酶系统保持完好,当种子吸涨萌动时,这些酶迅速表现出活性,清除种子内的活性氧和自由基等有害物质,防止氧化和过氧化伤害,保证种子能够正常萌发。

三、麦类作物种子保存研究进展

对于麦类作物种质资源的种子大多数研究单位都采用低温种质库进行保存,鉴于低温种质库的局限性,没有条件的单位也尝试进行超干燥保存。陶梅(1996)将小麦种子干燥至 6.0%、5.0%、3.6%、5.0%和 2.2%,对储藏种子的生活力和活力监测结果表明:小麦种子的储藏安全水分下限为 5.0%,适度干燥对于延长种子储存寿命具有明显的作用。孙爱清(2009)以小麦、大豆等种子为材料,进行超干贮藏适应性研究,确定种子超干贮藏的最佳含水量范围。将种子干燥至 5%以下含水量进行超干贮藏,结果表明,常温下小麦种子超干贮藏的最佳含水量范围为 2.6%～7.0%。谭富娟(1996)以大麦、普通小麦、硬粒小麦、黑麦、小黑麦 5 种麦类作物种子为试材,从个体、细胞、分子 3 个水平上探讨了不同贮存温度,不同包装材料和不同含水量对其遗传完整性的影响,结果表明麦类种子在 -10℃,-5℃条件下贮存 5 年,其发芽率与原始发芽率无明显差异,在室温下保存的种子发芽率显著下降,不同麦类间有差异。包装材料对贮存效果有影响,以铁盒保存种子效果最佳,方便、省事,室温下纸袋保存种子效果最差。因此认为中期贮存种子采用 -10℃ 低温和密封性好,使用方便的铁盒为宜。另外,还有遗传稳定性(胡小荣,2005)、超干燥种子的回湿处理(孙爱清,2007)等方面的研究。小黑麦种子超干处理方法的选择、超干种子最适含水量范围的确定、回湿处理、人工模拟老化处理以及老化处理后的生理生化变化和遗传稳定性等方面的研究尚未见报道,对小黑麦种子长期安全保存具有重要的实践意义,因此,有待于进行系统的研究。

第二节 小黑麦种子超干保存适宜含水量范围的研究

植物遗传资源是人类的珍贵的财富,保护植物遗传资源对人类的生存与发展具有重大意义。而大多植物的遗传资源都是以种子的形式存在的。普通种子在贮存过程中,其活力受到许多因素的影响。其中种子含水量和贮藏温度是影响种子在贮藏期间生活力和活力保持的关键因素。传统的经验认为控制温度比控制水分来得安全有效,因而趋向于向低温或超低温的贮藏方向发展。国际植物遗传资源研究所(IPGRI)曾推荐 5%～6%的含水量和 -18～20℃低温作为各国长期保存种子的理想条件。目前,世界各国都把更多的注意力放在建设现代化的低温种子库上,但对于发展中国家来说,建库和维持运转的费用是一笔难以承担的经济负担。人们迫切地需要一种能最大限度地延长种子寿命并且又简便易行的种子保存技术。而 20 世纪 80 年代末兴起的种子超干贮藏技术正适应了这一需求。

英国的 Ellis(1986)将芝麻种子的水分从 5%降低至 2%,发现可使其贮藏寿命延长40 倍,这差不多相当于将贮藏温度从 20℃ 降至 -20℃的效果。于是根据此次结果,Ellis提出了超干贮藏的设想。近十多年来,超干贮藏研究已经取得了重大进展。研究结果表明,种子寿命和种子水分含量的对数关系存在水分临界值。当种子水分低于某含水量,种子寿命便不再延长,甚至会出现干燥损伤。换句话说,各类作物的种子存在各自不同的超低水分临界值。

相对国外来说我国对超干贮藏研究的起步比较晚,而且主要集中在作物种子上。郑光华等(1989)首先在我国进行了种子超干燥保存研究,并在超干燥种子的生理研究和细胞学方面取得了一定的进展。周祥胜等(1993)的研究结果表明高油分的油菜、萝卜、黑芝麻等种子适于超干燥保存,但不同种子的适宜含水量的下限有差异。程红焱、郑光华等(1991)研究了超干处理对几种芸薹属植物种子生理生化和细胞超微结构的效应,结果表明超干及老化后种子的脱氢酶、过氧化物酶、超氧歧化酶等酶系统保持完好,细胞膜系统的完整性良好,细胞超微结构及其功能也保持完好。支巨振等(1991)对水稻种子进行了超干燥贮藏研究,结果发现,不同类型的种子耐超干燥的能力不一样,籼稻种子含水量降到4%～5%以下时,生活力稍有降低,无明显差异,但当含水量降为2%时,种子的生活力和活力急剧下降。而粳稻对低含水量的不良影响更加敏感,当含水量降至7%以下时,种子发芽率就开始降低。这一现象产生的原因,认为主要是吸胀损伤,同时伴随着种子生理生化系统的紊乱,当采用饱和水蒸气回湿2天后,可以发现超干种子的活力和酶活性明显提高,而且也可使籼稻种子超干临界含水量从5%降低到3%。程红焱、郑光华(1992)对大白菜种子超干贮存研究表明,当大白菜种子的含水量经超干降至1.6%时,通过生理和细胞学的研究发现,没有引起任何明显的种子发芽力和活力的变化,并且比对照种子在活力指数和发芽率方面对老化处理有更多的耐性。根据结果表明,超干燥种子比起对照种子在细胞亚纤维结构上有一些不规则的变异。大白菜种子可以干燥到含水量很低的程度,而且它们的耐性也有了明显改善。以上研究结果表明,种子超干燥贮藏研究在我国已取得一定的进展,但仍有很多问题需要做深入的研究,而这一技术在不久的将来一定会有广阔的应用前景。而小黑麦在西方畜牧业发达国家,已作为主要的饲草应用,而其种植面积呈逐年上升的趋势。同时小黑麦也在我国广大北方地区有很高的经济效益和生态效益,在农业产业结构调整中也是具有发展前景的饲料作物。因此,研究小黑麦超干保存最适含水量的范围为人们以后对小黑麦种质资源长期安全保存具有重要意义。

一、超干燥处理脱水方法研究

王瑞清(2014)利用不同比例的硅胶对小黑麦种子进行干燥,发现种子与硅胶比分别为1:3、1:6、1:10情况下,小黑麦种子脱水速率略有差异(图3-1,图3-2),干燥进行到20 d以后种子含水量变化很小,几乎都保持在5%左右。另外当含水量约为8%、7%、6%、5%时自然回湿24 h后进行了种子萌发试验,与初始含水量(9%)下的发芽率相比无显著差异。因此选用种子与硅胶比为1:10脱水条件对小黑麦种子进行脱水至5%左右后在选用恒温干燥箱对其进行进一步干燥,以便获得4%、3%、2%含水量的种子。

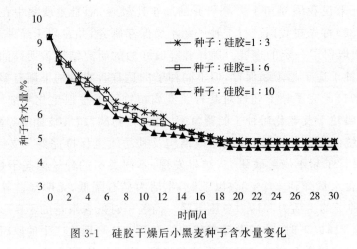

图 3-1　硅胶干燥后小黑麦种子含水量变化

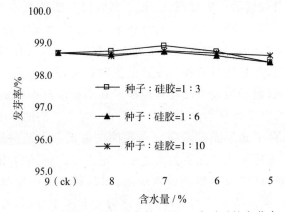

图 3-2　不同含水量种子自然回湿 24 小时后的发芽率

二、超干种子回湿方法的选择

前人的试验结果已经表明种子在吸胀萌发初始阶段的缓慢吸水有利于细胞膜结构与功能修复,对较低含水量的种子进行回湿处理,更应是有效降低了种子吸水速率,为种子再水合过程中完成膜体系的修补创造了必要的条件。将不同含水量的种子经过自然回湿、饱和氯化钙、饱和氯化铵和水四个条件下回湿 24 h,其发芽率与不回湿的种子相比得到了显著改善,而四种回湿处理间差异不显著(表 3-1)。

表 3-1　不同回湿方法处理种子萌发的变化

种子水分		不回湿	回湿 24 h			
			自然回湿	饱和氯化钙	饱和氯化铵	水
ck	发芽势	98a	98a	98a	98a	98a
	发芽率	98a	98a	98a	98a	98a
4	发芽势	92b	98a	98a	98a	98a
	发芽率	94a	98a	98a	98a	98a
3	发芽势	90b	94a	94a	94a	94a
	发芽率	92b	96a	96a	96a	96a
2	发芽势	64c	78b	80a	80a	80a
	发芽率	80b	94a	94a	96a	96a

三、超干处理对小黑麦种子萌发的影响

对干燥后的种子进行萌从发试验,分别采用 ck、6%、5%、4%、3%、2%,6 个不同含水量的种子进行发芽试验。由图 3-3 中可以看出种子的发芽势随着水分的降低而逐渐降低,但品种之间的差异不显著。从图 3-4 中可以看出种子的发芽率在对照至含水量 3% 之间种子发芽率无明显差异,在含水量 3% 至含水量 2% 这个阶段明显降低,品种间的发芽率并无显著差异。

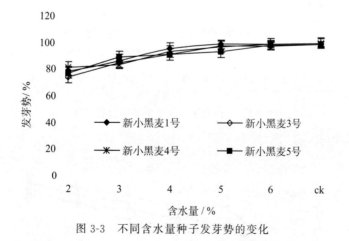

图 3-3　不同含水量种子发芽势的变化

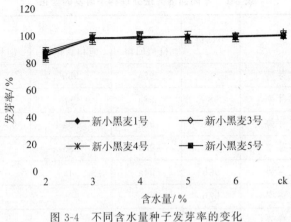

图 3-4　不同含水量种子发芽率的变化

发芽指数由图 3-5 可见,种子的发芽指数在含水量 3‰至含水量 2‰时有了明显的变化,含水量在 3‰至 ck 组范围内,发芽指数变化程度很小,但是可以看出各个品种之间的发芽指数有差异。图 3-6 显示出不同含水量的种子的活力指数的变化,大致可以分为三个阶段,在 ck 组至含水量 3‰时无明显差异,在含水量 3‰至含水量 2‰明显降低,不同品种间活力指数有显著差异。

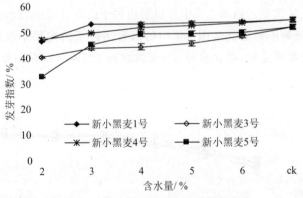

图 3-5　不同含水量种子发芽指数的变化

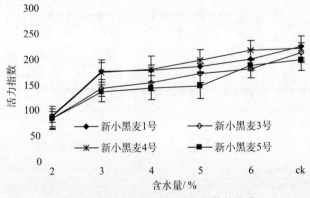

图 3-6　不同含水量种子活力指数的变化

四、超干处理对小黑麦幼苗生长的影响

种子萌发 7 d 后对幼苗的长度、幼根数、幼根长度进行调查。图 3-7 为幼苗长度的变化，可以看出在含水量 3% 至含水量 2% 时，幼苗长度变化十分显著，整体呈下降的趋势。图 3-8 显示的是种子的幼根数与含水量的关系，可以明显看出在种子含水量 4% 至含水量 2% 的这一阶段，幼苗的根数明显减少，而在 ck 组至含水量 4% 这一阶段变化不大，整体呈下降的趋势。而品种间的新小黑麦 1 号、新小黑麦 3 号、新小黑麦 4 号之间稍显著，新小黑麦 5 号与其他三个品种差异比较显著。

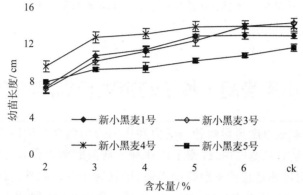

图 3-7　不同含水量种子萌发 7 d 后幼苗长度的变化

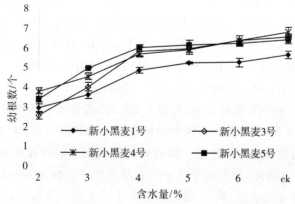

图 3-8　不同含水量种子萌发 7 d 后幼根数的变化

由图 3-9 可见幼根长度与含水量的关系，其中新小黑麦 1 号、新小黑麦 4 号、新小黑麦 5 号在含水量 4% 至含水量 2% 这一阶段变化比较显著，幼根长度明显变短，含水量在 4% 以上时幼根长度变化不大，而新小黑麦 3 号幼根长度比其他品种要短。

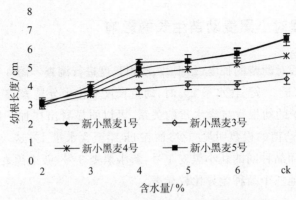

图 3-9 不同含水量种子萌发 7 d 后幼根长度的变化

第三节 小黑麦超干种子幼苗生长规律的研究

种子含水量和贮藏温度是影响种子活力和生活力的两个关键因素。二者使种子的含水量维持在一个适宜的范围内,改变了以往种子低温贮藏耗资大的缺点,提高了种子的活力,从而最大限度地延长种子贮藏的寿命,增强种子的耐贮性。国际植物遗传资源研究所曾推荐 5％～6％ 的含水量和 −18～20℃ 低温作为各国长期保存种子的理想条件,但是对于发展中国家来说,这样做不仅耗费了大量的财力,而且相关技术也达不到要求,超干储藏就解决了这一难题。

种子超干贮藏的原始研究,可以追溯到 20 世纪初,1918 年,Harrington 发现大麦、小麦的种子水分降至 1％ 时,生活力不受影响。之后,美国、加拿大等国相继出现了超干储藏的报道,这些报道多侧重于种子干燥脱水耐性的生理生化机理方面的研究。Ellis 等(1986)将芝麻种子含水量从 5％ 降至 2％,种子寿命延长 40 倍。1988 年,Hong 等发现 3％ 的油菜种子较 5％ 的寿命提高 2 倍,但低于 3％ 时,寿命不再延长;1990～1992 年,研究者对 20 余个品种进行试验,发现不同种的适宜含水量下限不同,含油量高的种子试验效果好于淀粉和蛋白质含量高的种子。国内相对于英国来说对超干种子的研究起步较晚,1989 年郑光华首次研究,并在超干种子细胞学和生理方面取得一定进展。周祥胜等的研究结果表明高油分的油菜、萝卜、黑芝麻等种子适于超干燥保存,但不同种子的适宜含水量的下限有差异。程红焱、郑光华等(1991)研究了超干处理对几种芸薹属植物种子生理生化和细胞超微结构的效应,结果表明超干及老化后种子的脱氢酶、过氧化物酶、超氧歧化酶等酶系统保持完好,细胞膜系统的完整性良好,细胞超微结构及其功能也保持完好。支巨振等(1991)对水稻种子进行了超干燥贮藏研究,结果发现,不同类型的种子耐超干燥的能力不一样,籼稻种子含水量降到 4％～5％ 以下时,生活力稍有降低,无明显差异,但当含水量降为 2％ 时,种子的生活力和活力急剧下降,而粳稻对低含水量的不良影响更加敏感,当含水量降至 7％ 以下时,种子发芽率就开始降低。2004 年孙爱清等研究了超干燥对种子活力的影响,棉花种子经氧化钙干燥226 d后,含水量由9.36%降至2.80%,达到超干水分。此时,发芽力、活力四项指标未表现出与常规贮藏种子的显著差异。经过7个多月的干燥和贮藏后,休眠解除,发芽力、活力有了较大提高,贮藏1年的超干种子发芽力、活力极显著低于常规贮藏种子。但对种子切破种皮处理再测定,其发芽力则显著高于常规贮藏种子。

种子的超干储藏越来越受重视,在种质资源保存中有着非常重要的作用。小黑麦作为一种抗逆性较强的杂交作物,既可以作为粮食,也可以作为饲料,在我国北方地区,因为小黑麦秸秆营养价值比较高,作为饲料越来越受欢迎,所以小黑麦的种质资源的保存也就很重要。王瑞清(2015)以小黑麦种子为材料,进行了种子在超干处理前后种子活力及幼苗生长规律的研究,以期获得小黑麦种子超干保存方法,实现小黑麦种质资源长期安全保存。

一、小黑麦不同含水量种子萌发性状的比较

(一)小黑麦不同含水量种子发芽势的比较

从对小黑麦不同含水量种子发芽势变化的研究结果中(图3-10)可以看出种子的发芽势随着水分的降低而在逐渐降低,但品种之间的差异不显著。其中新小黑麦3号、新小黑麦4号、新小黑麦5号在始含水量(ck)至4%之间种子发芽势有显著的差异,而新小黑麦1号、新小黑麦3号、新小黑麦4号、新春6号在种子含水量2%~1%之间发芽势没有明显的差异而新小黑麦5号品种的发芽势有明显的差异,新春6号在始含水量(ck)至6%之间发芽势没有明显的差异,新小黑麦1号在含水量为6%~5%之间发芽势没有明显的差异,新小黑麦5号在种子含水量为4%~2%之间发芽势没有明显的差异。

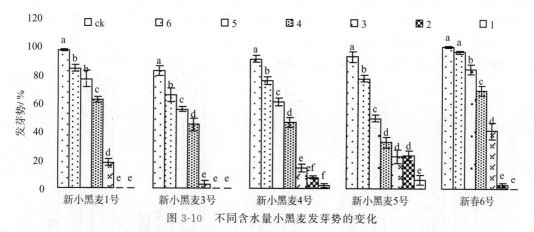

图3-10 不同含水量小黑麦发芽势的变化

(二)小黑麦不同含水量种子发芽率的比较

从对小黑麦不同含水量种子发芽率变化的研究结果中(图3-11)可以看出种子的发芽率随着种子含水量的降低而逐渐降低,但品种之间的差异不显著。其中新小黑麦1

号、新小黑麦 3 号、新小黑麦 4 号在种子初始含水量(ck)至 5％间种子的发芽率有显著的差异,而新春 6 号的发芽率差异不明显。其中含水量 2％～1％之间小黑麦 1 号、小黑麦 3 号种子的发芽率没有明显的差异,而新小黑麦 4 号、新小黑麦 5 号、新春 6 号在含水量 3％～1％之间种子的发芽率有显著的差异。

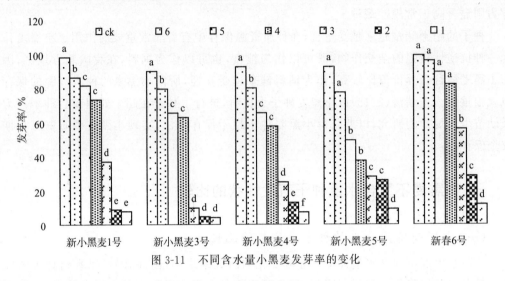

图 3-11　不同含水量小黑麦发芽率的变化

(三)小黑麦不同含水量种子发芽指数的比较

在对小黑麦不同含水量种子发芽指数变化的研究结果中(图 3-12)可以看出种子的发芽指数随着种子含水量的降低而逐渐降低,但品种之间的差异不显著。新小黑麦 1 号、新小黑麦 3 号、新小黑麦 4 号在初始含水量(ck)至 5％之间种子的发芽指数差异明显,而在种子含水量 2％～1％之间种子的发芽指数差异不明显。新小黑麦 5 号、新春 6 号在初始含水量(ck)至 6％之间种子的发芽指数没有明显差异而在种子含水量为 3％～1％之间种子的发芽指数有显著的差异。在种子含水量为 5％～4％之间新小黑麦 3 号、

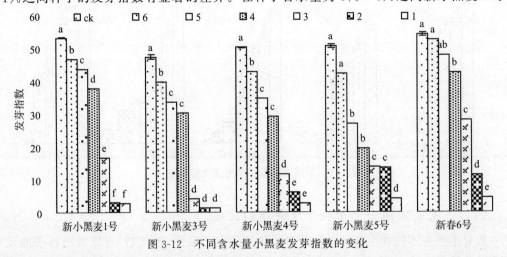

图 3-12　不同含水量小黑麦发芽指数的变化

新小黑麦 4 号、新小黑麦 5 号、新春 6 号的发芽指数没有明显差异,而新小黑麦 1 号在含水量初始含水量(ck)至 2% 之间种子的发芽指数有明显的差异。

（四）小黑麦不同含水量种子活力指数的比较

在对小黑麦不同含水量种子活力指数变化的研究结果中(图 3-13)可以看出种子的活力指数随着种子含水量的降低而逐渐降低,但品种之间的差异不显著。新小黑麦 1 号、新小黑麦 3 号、新小黑麦 4 号、新小黑麦在初始含水量(ck)至 5% 之间种子的活力指数差异明显,而在种子含水量 2%～1% 之间种子的活力指数差异不明显。新春 6 号小麦在初始含水量(ck)至 6% 之间、5%～4% 之间、2%～1% 之间种子的活力指数的差异均不明显。新小黑麦 1 号在初始含水量(ck)至 2% 之间种子的活力指数差异明显。

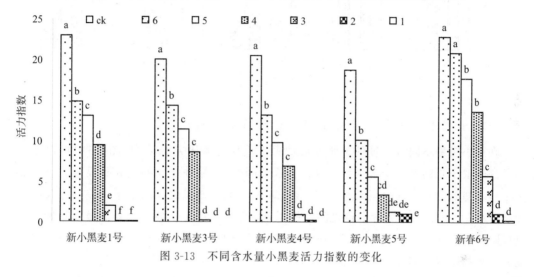

图 3-13　不同含水量小黑麦活力指数的变化

二、小黑麦不同含水量种子萌发后干物质的比较

（一）小黑麦不同含水量种子萌发后幼苗干重的比较

在对小黑麦不同含水量种子萌发后幼苗干重变化的研究结果中(图 3-14)可以看出种子的幼苗干重随着种子含水量的降低而逐渐降低,但品种之间的差异不显著。新小黑麦 1 号在初始含水量(ck)至 2% 之间种子的幼苗干重差异明显,在含水量 2%～1% 之间差异不明显。新小黑麦 3 号、新小黑麦 4 号、新小黑麦 5 号在初始含水量(ck)至 5% 之间幼苗干重的差异比较明显,而在 5%～4% 之间幼苗干重的差异不明显。新小黑麦 3 号在4%～3% 含水量之间幼苗干重有明显的差异,而在 3%～1% 含水量之间幼苗干重的差异不明显。新小黑麦 4 号在 5%～4%、2%～1% 含水量之间幼苗干重没有明显的差异,而在 4%～3% 含水量之间幼苗干重的差异比较明显。新小黑麦 5 号在 4%～3%、2%～1% 含水量之间幼苗干重没有明显的差异,而在 3%～2% 含水量之间幼苗干重的差异明显。新春 6 号在初始含水量(ck)至 4% 含水量之间幼苗干重的差异不明显,而在 4%～1% 含

水量之间幼苗的干重有明显的差异。

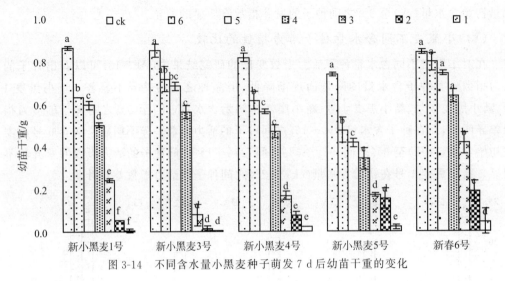

图 3-14　不同含水量小黑麦种子萌发 7 d 后幼苗干重的变化

（二）小黑麦不同含水量种子萌发后幼根干重的比较

在对小黑麦不同含水量种子萌发后幼根干重变化的研究结果中（图 3-15）可以看出种子的幼根干重随着种子含水量的降低而逐渐降低，但品种之间的差异不显著。新小黑麦 1 号在初始含水量（ck）至 5％、4％～3％、3％～2％含水量之间幼根干重差异比较明显而在 5％～4％、2％～1％含水量之间幼根干重的差异不明显。新小黑麦 3 号在初始含水量（ck）至 5％、4％～3％含水量之间幼根干重的差异明显，而在 6％～4％、3％～1％之间幼根干重的差异不明显。新小黑麦 4 号在初始含水量（ck）至 5％、4％～3％、3％～2％含水量之间幼根干重差异较明显，而在 5％～4％、2％～1％含水量之间幼根干重的差异不

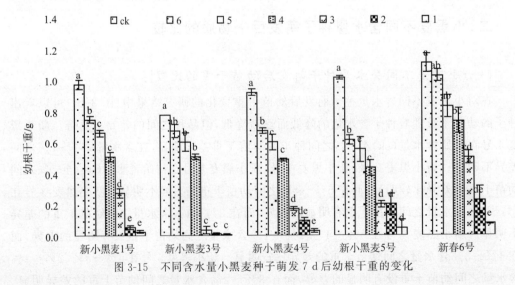

图 3-15　不同含水量小黑麦种子萌发 7 d 后幼根干重的变化

明显。新小黑麦 5 号在初始含水量(ck)至 5%、4%~3%含水量之间幼根干重差异较明显,而在 5%~4%、3%~1%含水量之间幼根干重的差异不明显。新春 6 号在初始含水量(ck)至 6%含水量之间幼根干重的差异不明显,而在 5%~1%含水量之间幼根干重的差异比较明显。

第四节　小黑麦超干种子生理生化特性研究

国内外对种子超干保存的研究不少,但目前我国尚未有关于牧草种子超干保存的研究报道,仅有对超低温贮藏牧草种子、几种禾本科牧草种子贮藏特性、禾本科牧草种子的贮藏年限与活力关系的研究报道。如果对牧草种子超干贮藏后的生活力、膜透性、酶活性等生理生化变化进行研究,并从这些指标综合衡量牧草种子超干保存效果,研究牧草种子超干保存技术,将对未来牧草育种、种子鉴定与保存有重要意义。王瑞清(2014)研究小黑麦种子超干保存生理生化特性,旨在为小黑麦在新疆麦区的发展和推广奠定基础。利用春性六倍体小黑麦种子进行超干燥处理,获得不同含水量的种子,测定不同含水量种子的相对电导率、过氧化物酶(POD)、过氧化氢酶(CAT)、超氧化物歧化酶(SOD)、丙二醛含量(MDA)等,然后对数据资料进行统计分析,对超干处理的小黑麦种子的生理生化特性进行研究,为丰富种子超干保存理论研究提供一些理论支撑。

一、小黑麦种子生理指标的方差分析

对两个品种不同含水量的种子进行了 6 个生理指标的方差分析(表 3-2),结果表明不同含水量间过氧化物酶活性、超氧化物歧化酶活性、过氧化氢酶活性、丙二醛含量、脯氨酸含量以及相对电导率均达到了显著或极显著差异。新小黑麦 3 号和新小黑麦 5 号两个品种间 6 个生理指标也达到了显著或极显著差异。

表 3-2　小黑麦种子生理指标的方差分析表

生理指标	处理	平方和	均方	F 值	P 值
过氧化物酶活性	含水量间	69.818 7	13.963 7	6.289*	0.032 5
	品种间	45.669 0	45.669	20.568**	0.006 2
超氧化物歧化酶	含水量间	4.323 7	0.864 7	8.564*	0.017 1
	品种间	0.770 1	0.770 1	7.627*	0.039 8
过氧化氢酶	含水量间	168.761 7	33.752 3	7.056*	0.025 7
	品种间	39.096 3	39.096 3	8.173*	0.035 5
丙二醛	含水量间	10.334 7	2.066 9	7.531*	0.022 4
	品种间	2.262 0	2.262	8.241*	0.035

续表

生理指标	处理	平方和	均方	F 值	P 值
脯氨酸	含水量间	203.849 3	40.769 9	34.557 **	0.000 7
	品种间	9.345 7	9.345 7	7.922 *	0.037 3
相对电导率	含水量间	837.878 2	167.575 6	9.165 *	0.014 8
	品种间	974.161 2	974.161 2	53.277 *	0.000 8

二、小黑麦不同含水量种子 3 种抗氧化酶活性的比较

随着种子含水量的降低,种子的过氧化物酶活性呈现出单峰曲线变化(图 3-16)。当种子含水量从 6％降至 4％时,种子过氧化物酶活性呈现持续增加的趋势,种子含水量为 4％时,过氧化物酶活性达到峰值,分别为 23.95 U/(g·min)（新小黑麦 3 号）和 17.97U/(g·min)（新小黑麦 5 号）,随含水量的进一步降至 3％时,过氧化物酶活性降至 16.23U/(g·min)和 14.69 U/(g·min),当含水量降至 2％时,种子的过氧化物酶仅为 16.00 U/(g·min)和 14.10 U/(g·min)。超氧化物歧化酶也呈现单峰曲线变化形式(图 3-17)。种子含水量为 5％时,超氧化物歧化酶活性达到峰值,分别为 2.45 U/(g·min)和 3.08 U/(g·min);但含水量降至 2％时,种子的超氧化物歧化酶活性分别降至 0.9 U/(g·min)和1.54 U/(g·min)。不同含水量种子的过氧化氢酶活性也呈现出单峰曲线变化形式(图 3-18)。种子含水量为 5％时,过氧化氢酶活性达到峰值,分别为 6.31 U/(g·min) 和 14.53 U/(g·min);但含水量降至 2％时,种子的过氧化氢酶活性分别降至 1.09 U/(g·min)和 1.31 U/(g·min)。

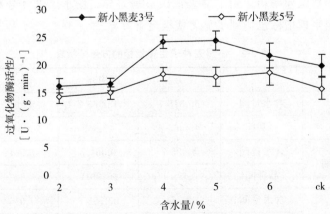

图 3-16 不同含水量种子过氧化物酶活性的变化

注:误差线代表标准误。

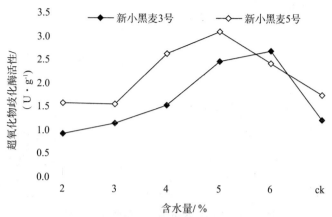

图 3-17 不同含水量种子超氧化物歧化酶活性的变化

注：误差线代表标准误。

三、小黑麦不同含水量种子脯氨酸含量的比较

不同含水量种子脯氨酸含量有明显差异（图 3-19），当种子含水量为第 5 个水平（5% 含水量）时，脯氨酸含量最高，分别为 1.375×10^{-3} μg/g 和 1.012×10^{-3} μg/g；当种子采用含水量第 2 个水平（2% 含水量）时，脯氨酸含量最低，分别为 7.2×10^{-4} μg/g 和 6.8×10^{-2} μg/g。种子含水量为 3%、4%、5% 和 6% 时，其种子的脯氨酸含量要明显高于其他处理。

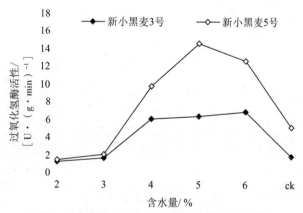

图 3-18 不同含水量种子过氧化氢酶活性的变化

注：误差线代表标准误。

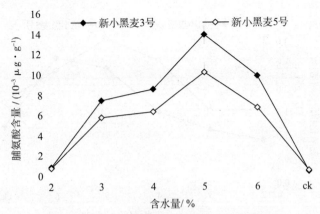

图 3-19　不同含水量种子脯氨酸含量的变化

注:误差线代表标准误。

四、小黑麦不同含水量种子丙二醛含量和相对电导率的比较

从图 3-20 可以看出:不同脱水程度对种子丙二醛含量影响较大。对新小黑麦 3 号而言,当种子采用含水量第 5、6 个水平(5%、6%)时,丙二醛含量在 10 μmol/L 以下,当种子采用第 2 个水平(2%)时,相对电导率达到 11.45 μmol/L;对新小黑麦 5 号而言,当种子采用含水量第 4、5、6 个水平(4%、5%、6%)时,相对电导率在 9 μmol/L 以下,当种子采用第 2 个水平(2%)时,相对电导率达到 10.24 umol/L。

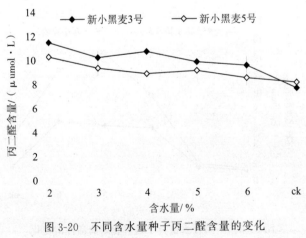

图 3-20　不同含水量种子丙二醛含量的变化

注:误差线代表标准误。

从图 3-21 可以看出:不同脱水程度对种子相对电导率影响较大。对新小黑麦 3 号而言,当种子含水量为 4%、5%、6%时,相对电导率在 50%以下;当种子含水量为 2%时,相对电导率达到 52.2%。对新小黑麦 5 号而言,当种子含水量为 4%、5%、6%时,相对电导

率在 60％以下；当种子含水量为 2％时，相对电导率达到 71.07％。这说明适宜的含水量对种子细胞膜伤害较小。

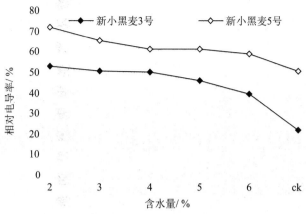

图 3-21　不同含水量种子相对电导率的变化

注：误差线代表标准误。

盐胁迫下小黑麦的过氧化物酶和超氧化物歧化酶的活性随着盐浓度的提高不断增长，达到一个峰值后又呈现下降趋势；这与 2010 年刘会超等研究发现随着 NaCl 浓度的升高三色堇幼苗茎的过氧化物酶活性呈下降-上升-下降的趋势的研究相反。NaCl 浓度为 150 mmol/L 时新小黑麦 3 号和新小黑麦 5 号的过氧化物酶含量都达到了最大值（峰值），而 NaHCO$_3$ 的峰值为 120 mmol/L 时，Na$_2$SO$_4$ 为 90 mmol/L，Na$_2$CO$_3$ 为 45 mmol/L，由此可以看出四种盐对两个品种的抑制作用中 Na$_2$CO$_3$ 表现最强，Na$_2$SO$_4$ 次之，NaHCO$_3$ 较弱，NaCl 最弱。

脯氨酸和丙二醛的含量、相对电导率在四种盐的胁迫下随着盐浓度不断升高呈现不断上升的趋势，呈正相关；这与汤华等（2007）报道的玉米幼苗根系的脯氨酸含量与盐浓度高度正相关的结果相一致。在 NaHCO$_3$ 和 Na$_2$CO$_3$ 溶液胁迫下新小黑麦 3 号的脯氨酸含量变化幅度明显大于新小黑麦 5 号，在 NaCl 溶液胁迫下新小黑麦 5 号的脯氨酸含量变化幅度明显大于新小黑麦 3 号，在 Na$_2$SO$_4$ 溶液胁迫下两个品种游离脯氨酸含量及其变化规律无明显差异，因此在小黑麦耐盐性的问题上，单盐胁迫下游离脯氨酸含量变化因盐种类不同作物品种不同而不同，可见游离脯氨酸在盐胁迫下积累的意义是复杂的，有待进一步研究。在 Na$_2$SO$_4$、Na$_2$CO$_3$ 盐胁迫下，新小黑麦 5 号的相对电导率高于新小黑麦 3 号，且 4 种盐胁迫下新小黑麦 3 号和新小黑麦 5 号的过氧化物酶活性变化规律比较相似，但是在每个盐浓度下新小黑麦 3 号的过氧化物酶活性都高于新小黑麦 5 号。因此，新小黑麦 3 号表现较强的耐盐性，新小黑麦 5 号耐盐性相对较弱。

第四章 小黑麦种子老化处理

　　随着生态环境建设和农业结构调整步伐的加快,畜牧点对具有很高饲用价值的饲草的需求更显得迫在眉睫。小黑麦具有适应性广、生物学产量高、抗逆性强、营养品质好、饲草加工形式灵活多样等特点,也是畜牧业发展中首选饲料作物之一,特别是农区及城市郊区养牛及养羊基地建设的发展,对饲草、饲料提出了更高的要求。其种植生产已成为新疆及西北地区优质饲草、饲料的重要来源。作为畜牧业大省的新疆牧业发展速度很快,本研究可为新疆饲用小黑麦的育种和推广提供理论依据,促进小黑麦在新疆的发展。

　　据中国农业科学院作物育种栽培研究所分析,该所选育小黑麦品系籽粒蛋白质含量高于小麦,可按照我国人民的饮食习惯,加工成面条、馒头等食品,其外观、食味、口感与小麦食品没有本质区别。李颜等(2007)以大葱种子为试验材料,用人工加速老化的方法进行试验,结果表明其发芽率、发芽指数、活力指数与自由基的含量均呈负相关。霍平慧等(2011)的利用苜蓿种子作为试验材料,研究显示,5.72%种子含水量的超干处理可使苜蓿种子活力保持在较高状态。赵丹等(2013)以小黑麦品种(系)为材料,研究了种子产量以及与穗长、小穗数、穗粒数和穗粒质量之间的相关性。

◹ 第一节　作物种子老化处理基础

　　种子生理成熟后便进入贮藏或休眠阶段,该阶段种子会发生老化(aging)或劣变(deterioration),发芽率和活力等随之降低。1965年,戈夫将种子老化和劣变定义为:种子的生活力、品质及其性能从一个较高水平下降至较低水平的不可逆变化过程。通常情况下,种子老化是其在贮藏过程中发生的不可避免的现象。种子衰老与种子自身的活力水平、种子的含水量和储存温度、气体成分以及微生物状况有关。种子老化会导致种子

42

质量如活力、生活力、贮藏能力和田间成苗率等下降,从而造成难以估算的经济损失。据统计(2014)仅美国每年在种子销售方面,因贮藏导致的质量问题造成的损失可达 5 亿美元,若考虑世界范围内质量对产量等方面的影响,损失将更大。因此,认识种子老化或劣变的机理对控制和评价种子质量具有重要的指导意义。

一、种子老化及其表现

种子老化是指种子活力的自然衰退。在高温、高湿条件下种子老化过程往往加快。
种子老化一般被分为自然老化和人工加速老化两种。

（一）种子老化的表现

种子变色:如蚕豆、花生和大豆种子的颜色变深;棉花种子的胚乳可能变成绿色;谷类种子在高湿环境中胚轴变褐色;白羽扁豆种子随着老化而产生荧光等。

种子内部的膜系统受到破坏,透性增加。

种子逐步丧失产生与萌发有关的激素,如 GA、CTK 及乙烯的能力等。

种子萌发迟缓,发芽率低,畸形苗多,生长势差,抗逆力弱,以致生物产量和经济产量都低。

（二）人工老化的原理

采用高温(40～50℃)和高湿(100％相对湿度)处理种子,加速种子老化,高活力种子经老化后,仍能正常发芽,而低活力种子产生不正常幼苗或全部死亡。

二、种子老化的形态特征

（一）种子

果种皮颜色的变化:变深、变暗、变黑,无光泽,"走油"现象。解剖特征:种胚干涩,失去鲜嫩感,角质程度降低。其他:异味变浓,有霉酸味。

（二）幼苗形态

老化但仍能发芽的种子,畸形苗多,幼苗生长性能降低,最终导致产量和品质降低。

三、种子老化过程中的生理生化变化

（一）膜系统的损伤及膜脂过氧化

老化种子细胞膜系统损伤严重,膜渗漏现象明显。严重的,膜修复重建能力变弱,甚至不能修复,造成膜系统永久性损伤。结果导致大量可溶性营养物质、生理活性物质外渗,种子难以正常萌发,外渗物引起微生物大量繁殖,萌发时严重发霉、腐烂。

（二）营养成分的变化

种子老化过程中长期呼吸消耗，种胚可利用营养物质缺乏，种子生活力丧失。结构蛋白易受高温、脱水的刺激，空间结构变得疏松、紊乱，最终变性，如：组蛋白变性——阻碍 DNA 的功能；酶蛋白变性——酶失活；脂蛋白变性——膜选择透性丧失。贮藏蛋白种子贮藏蛋白与种子活力关系密切，花生种子球蛋白含量，与种子活力呈显著正相关（刘军等，2001）。贮藏蛋白含量，亦随贮藏时间延长而下降，能电泳分辨的蛋白组分随老化而减少，小麦萌发过程中，高活力种子醇溶蛋白变化明显，降解较快，低活力种子醇溶蛋白变化不大，且降解迟缓（姜文等，2006）。

（三）有毒物质积累

种子老化过程中缺氧呼吸导致酒精、二氧化碳积累；脂肪氧化导致醛、酮、酸积累；蛋白质分解导致多胺积累；脂质过氧化导致丙二醛积累；微生物分泌毒素导致黄曲霉素积累过多，对种胚细胞产生毒害作用，甚至导致种子死亡。

（四）合成能力下降

种子老化过程中碳水化合物、蛋白质合成能力下降，核酸合成受阻，有分析表明，同品种水稻，种胚 RNA 含量：高活力＞低活力。大豆种子，DNA、RNA、叶绿素含量：新种子＞陈种子，老化越严重含量越低。衰老种子核酸的合成受阻，首先是 ATP 生成量减少，DNA、RNA 合成能源不足，基质减少。

（五）生理活性物质的破坏和失衡

种子老化过程中酶、维生素、激素等生理活性物质代谢活动受到破坏，如花生劣变后，ATP 酶活性消失，酸性磷酸酶活性变弱。种子劣变过程中，易丧失活性的酶主要有 DNA 聚合酶、RNA 聚合酶、脱氢酶、苹果酸脱氢酶、细胞色素氧化酶、ATP 酶及 SOD 等。某些水解酶，如脂肪酶、蛋白酶，活性反而增强。酶活性降低的主要原因就是酶蛋白变性、辅酶的缺乏。维生素 C 氧化导致，维生素 B_1、维生素 B_2、维生素 B_6、烟酸、泛酸、生物素含量随老化而降低。GA、CTK、乙烯产生能力降低或丧失。试验证明，老化种子类赤霉素物质减少，而类似 ABA 的抑制物质增加。多胺（polyamine）含量下降、产生能力丧失。

四、种子老化研究进展

（一）种子萌发情况和种苗生长状况变化

老化所引起的种子生理方面的变化主要指种子萌发情况和种苗生长状况的变化，包括：种子颜色发生改变，萌发速率下降，对不良环境的适应和抵抗能力减弱，种苗生长速度减慢等。这些变化是反映种子老化情况的最直观表现。种子老化后，相对发芽势、发芽率、发芽指数和活力指数随着老化时间延长均降低，幼芽和幼根的生长受到抑制，种子活力减弱。研究者在研究老化对硬实种子的影响时发现，老化处理后种子的发芽率、浸出液电导率较处理前均有所提高，这说明人工加速老化处理在某些程度上可以增加细胞膜的通透性,部分破除豆科种子硬实。研究者对花生种子老化后田间种苗性状进行研究发现,老化种子播种后田间出苗率降低,出苗速率减慢,幼苗的健壮度降低,根的数量和体积减小。不管是自然老化还是人工加速老化的粳稻各品种种子的田间秧苗生长状况均随种子活力下降而降低,高活力的种子秧苗长势显著高于低活力种子秧苗的生长。研究发现,田间出苗率与种子发芽率、活力指数和 POD 活性呈显著正相关关系,与种子浸出液的电导率呈显著负相关关系。

(二)酶活性变化

酶是种子内的一类活性蛋白质,其在种子老化过程中会发生改变。随着种子老化程度加深,种子内水解酶(淀粉酶、蛋白酶等)和氧化还原酶(SOD、CAT、POD、APx、脱氢酶等)的活性降低,目前关于种子老化及相关酶活性的变化也主要集中在上述各酶上,还有一些研究则把焦点集中在与物质合成或能量代谢相关的酶上。随着种子老化程度加深 CAT 和脱氢酶活性降低,并且这两个比较敏感的指标可以作为测定种子活力的生化指标来检验种子的劣变程度。种子中脱氢酶活性则随含水量升高而升高。兴安落叶松种子在含水量2.63%情况下,老化后其内部脱氢酶和异柠檬酸裂解酶的活性显著高于自然干燥的种子。种子老化导致抗氧化系统抑制 ROS(活性氧)积累的能力降低,SOD、POD、CAT 酶活性降低、O_2^- ·(超氧阴离子自由基)产生速率和 H_2O_2 含量升高,对细胞造成的损伤加剧。

(三)呼吸和能量系统变化

呼吸作用的许多重要反应都是在线粒体膜上发生的,该过程产生的 ATP 为种子生命活动的进行提供所需的能量,同时也是种子萌发的能量来源,但是老化却破坏了种子细胞内的线粒体结构,使其迅速膨胀,细胞呼吸速率及氧化磷酸化效率降低。高活力的种子细胞呼吸速率也高。研究发现,老化的种子内与呼吸代谢过程相关的酶,包括糖酵解途径中的磷酸己糖异构酶、三羧酸循环中的苹果酸脱氢酶、磷酸戊糖途径的葡萄糖-6-磷酸脱氢酶的活性均随老化强度增加而显著降低,这表明老化使三羧酸循环功能受阻,限制了呼吸底物的供给。

(四)贮藏物质变化

可溶性糖是种子发芽到转入光合作用之前的主要呼吸底物。种子老化过程中,发芽率和活力下降,吸胀和渗漏加剧,可溶性糖和可溶性蛋白质含量减少,脂肪酸含量增加。老化种子中营养物质(如碳水化合物、还原糖、蛋白质等)贮存的总量以及磷酸酶、磷酸单酯酶、脱氢酶的活力均有所降低,自由氨基酸的含量以及水解酶(淀粉酶、蛋白酶)的活性均显著增高,这说明种子老化过程中细胞内的生物大分子发生了变化。随着加速老化处理的进程,种子活力下降随后丧失,细胞膜通透性增加,且油料种子内脂肪酶活力下降,脂肪氧化酶活力上升,不饱和脂肪酸与饱和脂肪酸比值下降,单不饱和脂肪酸与多不饱和脂肪酸比值上升,过氧化比值增高,并且据此提出可以根据不同阶段油料种子的储藏特性来判断其劣变程度。

(五)细胞结构及膜透性变化

细胞膜系统在细胞代谢活动中起着重要作用,不仅可以调节细胞物质的交流和运输,而且可以影响代谢过程中酶的活性。老化后种子细胞膜的透性增加,细胞浸泡液浓度升高,电导率也随之增加,丙二醛含量增加,可溶性糖含量升高。随老化程度加深,细胞内的多种细胞器均发生变化,细胞核、线粒体、液泡、内质网等的完整性逐渐丧失,染色质高度凝聚。电镜观察发现,高活力的种子吸胀后,胚根细胞结构完整,细胞核很大,线粒体、溶酶体结构发育正常,但是当种子老化程度加深时,细胞膜和溶酶体受到伤害,并伴有细胞内氨基酸大量外渗。

(六)有毒有害物质积累

老化的种子内有毒害作用的丙二醛含量升高。研究表明,随着种子老化程度加深,可溶性糖和可溶性蛋白质含量降低,种子浸出液电导率升高,MDA含量增加。老化的种子中乙烯的释放量增加。研究表明,老化处理种子,乙烯释放量比对照高21.31%;且35℃、20%含水量条件下,不同老化时间处理后种子乙烯释放量差异显著。

第二节 人工老化处理对小黑麦种子萌发的影响

王瑞清等(2017)对不同品种不同含水量的小黑麦种子进行自然老化(保存10年)、人工老化处理(高温高湿),研究了老化处理对超干燥保存方法下小黑麦种子活力的影响,为种子的长时保存提供参考依据。

一、小黑麦种子萌发性状的方差分析

方差分析表明(表4-1),不同含水量小黑麦种子经过人工老化处理后,测定的8个性状均达到了极显著水平,因此试验数据可以进一步进行分析。

表4-1 人工老化处理小黑麦种子萌发性状的方差分析表

	变异来源	平方和	自由度	均方	F 值	P 值
发芽势	种子含水量	36 877.066 7	2	18 438.533 3	897.980 5**	0.000 1
	老化处理时间	17 204.622 2	4	4 301.155 6	209.471 9**	0.000 1
发芽率	种子含水量	42 668.355 6	2	21 334.177 8	1 137.485 8**	0.000 1
	老化处理时间	20 390.044 4	4	5 097.511 1	271.786 7**	0.000 1
发芽指数	种子含水量	11 982.115 3	2	5 991.057 6	1 083.750 4**	0.000 1
	老化处理时间	5 649.293 1	4	1 412.323 3	255.481 8**	0.000 1
活力指数	种子含水量	1 406.993 6	2	703.496 8	536.504 0**	0.000 1
	老化处理时间	784.728 3	4	196.182 1	149.613 3**	0.000 1
幼苗高度	种子含水量	636.275 6	2	318.137 8	191.101 8**	0.000 1
	老化处理时间	622.296 3	4	155.574 1	93.451 6**	0.000 1

变异来源		平方和	自由度	均方	F 值	P 值
幼根长度	种子含水量	216.680 6	2	108.340 3	108.149 6**	0.000 1
	老化处理时间	340.689 2	4	85.172 3	85.022 4**	0.000 1
幼苗干重	种子含水量	0.661 9	2	0.330 9	703.313 0**	0.000 1
	老化处理时间	0.394 2	4	0.098 6	209.447 4**	0.000 1
幼根干重	种子含水量	0.605 6	2	0.302 8	317.979 2**	0.000 1
	老化处理时间	0.525 9	4	0.131 5	138.069 4**	0.000 1

注:种子含水量为3%、5%、初始含水量;老化处理时间为58℃和100%湿度条件下处理时间分别为 0 min、4 min、8 min、12 min 和 16 min。"＊"表示 0.05 水平差异达到了显著水平,"＊＊"表示 0.01 水平差异达到了显著水平。

方差分析表明(表 4-2),不同含水量小黑麦种子经过自然老化处理后,测定的 8 个性状除不同品种的发芽率间和不同品种幼根长度间的差异不显著外其余均达到了显著或极显著水平,因此试验数据可以进一步进行分析。

表 4-2　自然老化处理小黑麦种子萌发性状的方差分析表

变异来源		平方和	自由度	均方	F 值	P 值
发芽势	品种	140.333 3	1	70.166 7	9.568 0**	0.003 3
	种子含水量	138.888 9	2	138.888 9	18.939 0**	0.000 9
发芽率	品种	8.000 0	1	8.000 0	2.057 0	0.177 0
	种子含水量	179.111 1	2	89.555 6	23.029 0**	0.000 1
发芽指数	品种	334.369 8	1	334.369 8	8.752 0*	0.012 0
	种子含水量	2 749.686 9	2	1 374.843 5	35.985 0**	0.000 0
活力指数	品种	427.488 8	1	427.488 8	9.601 0**	0.009 2
	种子含水量	1 232.066 2	2	616.033 1	13.836 0**	0.000 8
幼苗高度	品种	1 365.902 2	1	1 365.902 2	13.082 0**	0.003 5
	种子含水量	1 816.175 3	2	908.087 6	8.697 0**	0.004 6
幼根长度	品种	48.183 5	1	48.183 5	0.519 0	0.485 1
	种子含水量	957.641 1	2	478.820 6	5.157 0*	0.024 2
幼苗干重	品种	0.064 8	1	0.064 8	32.400 0**	0.000 1
	种子含水量	0.022 3	2	0.011 1	5.575 0*	0.019 4
幼根干重	品种	0.056 7	1	0.056 7	18.856 0**	0.001 0
	种子含水量	0.063 2	2	0.031 6	10.521 0**	0.002 3

注:种子含水量为3%、5%、初始含水量;品种为新小黑麦3号、新小黑麦5号。"＊"表示 0.05 水平差异达到了显著水平,"＊＊"表示 0.01 水平差异达到了显著水平。

二、人工老化处理对不同含水量小黑麦种子萌发性状的影响

(一)人工老化处理对小黑麦种子发芽势的影响

随着人工老化处理时间的延长,3%、5%、初始含水量种子的发芽势呈下降趋势;3%含水量种子的变化趋势较小,变化范围在0~5.34之间,差异不显著;5%含水量的种子在不同老化时间处理下,也有明显差异,其中没有老化处理的种子的发芽势达到了50%以上,老化处理4 min以上的种子发芽势均在20%以下(图4-1)。对照(未经过干燥处理的种子)经过老化处理后,差异均达到了显著水平,其中老化处理4 min以下,种子的发芽势均在50%以上,处理时间超过8 min,种子的发芽势下降很快,均在50%以下。因此,在干燥处理、老化处理双重逆境下,小黑麦种子的发芽势受到了不同程度的影响。

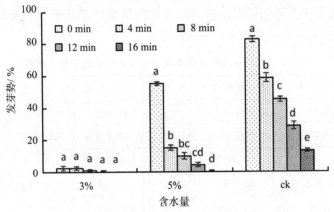

图4-1 不同含水量种子老化处理后发芽势的变化

(二)人工老化处理对小黑麦种子发芽率的影响

不同含水量的种子在处理时间分别为0 min、4 min、8 min、12 min、16 min的发芽率随处理时间的延长,发芽率呈降低趋势;3%含水量的种子在0 min和4 min之间发芽率没有明显的变化,差异不显著;8 min、12 min、16 min之间的发芽率低于10%,其差异不显著(图4-2)。5%含水量的种子在0 min和4 min间发芽率的差距最大,差距值接近40%,差异显著;4 min、8 min、12 min之间随人工老化处理时间的延长发芽率逐渐降低,处理时间为12 min和16 min的发芽率均在10%以下,差异不显著。对照(未经过干燥处理的种子)经过老化处理后,差异均达到显著水平。其中,处理时间在12 min以下的,种子的发芽率均达到了50%以上,处理时间在12 min以上的,种子的发芽率有所下降,均在50%以下。

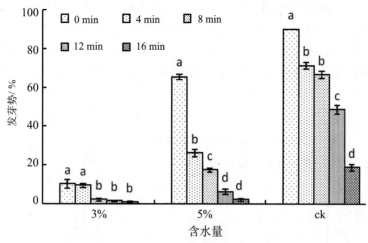

图 4-2　不同含水量种子老化处理后发芽率的变化

（三）人工老化处理对小黑麦种子发芽指数的影响

不同含水量的种子在处理时间分别为 0 min、4 min、8 min、12 min、16 min 的发芽指数随处理时间的延长,发芽指数呈降低趋势(图 4-3);3％含水量的种子的发芽指数均在5％以下,5％含水量的种子在 0 min 和 4 min 的发芽指数差距最大,差异显著;4 min、8 min、12 min 间的发芽指数有明显差异,12 min 和 16 min 间的发芽指数差异不显著。对照(未经过干燥处理的种子)经过老化处理后,只有处理时间为 16 min 的发芽指数没有达到 20％,但是随着老化处理时间的延长,发芽指数均呈现出下降的趋势。

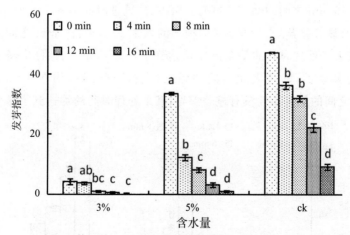

图 4-3　不同含水量种子老化处理后发芽指数的变化

（四）人工老化处理对小黑麦种子活力指数的影响

活力指数是种子发芽速率和生长量的综合反映,是反映种子活力的更好指标,无单位。由图 4-4 可知,含水量为 3％的人工老化处理时间为 0 min 的与处理时间 4 min、

8 min、12 min、16 min 的均达到了显著差异,4 min、8 min、12 min、16 min 之间的活力指数没有显著差异。含水量为 5％的人工老化处理时间为 0 min 的与处理时间 4 min、8 min、12 min、16 min 的均达到了显著差异,处理时间 4 min、8 min、12 min、16 min 之间没有显著差异。对照(未经过干燥处理的种子)经过老化处理后,处理时间在 4 min 以下的,种子的活力指数在 10％以上,处理时间在 8 min 以上的,种子的活力指数均低于 10％。

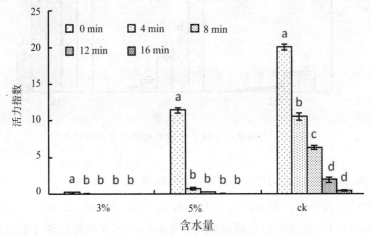

图 4-4　不同含水量种子老化处理后活力指数的变化

(五)人工老化处理对小黑麦种子幼苗高度的影响

由图 4-5 可知,含水量为 3％的小黑麦种子处理时间为 0 min 的和 4 min 的分别和 8 min、12 min、16 min 之间的幼苗高度有显著差异,处理时间为 8 min、12 min、16 min 之间的胚芽长没有显著差异。5％含水量的种子的除了 12 min、16 min 之间的幼苗高度没有显著差异,其余各处理时间的幼苗高度均达到了显著差异。对照(未经过干燥处理的种子)经过老化处理后,随着老化时间的延长幼苗高度变短,均在 40 mm 以上,只有 8 min、12 min 之间的幼苗高度没有显著差异,其余处理时间的均达到了显著差异。

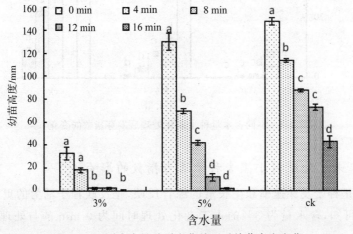

图 4-5　不同含水量种子老化处理后幼苗高度变化

（六）人工老化处理对小黑麦种子幼根长度的影响

所有处理的幼根长度都随处理时间的延长而变短。含水量为 3% 的只有处理时间为 0 min 的和 8 min、12 min、16 min 之间有显著差异,其余处理时间的幼根长度差距不明显,均没有显著差异(图 4-6)。含水量为 5% 只有 12 min 和 16 min 的幼根长度在 20 mm 以下,没有显著差异,处理时间在 12 min 以下的幼根长度均在 20 mm 以上,均有显著差异。对照(未经过干燥处理的种子)经过老化处理后,幼根的相对含水量 3% 和 5% 而言生长最好,除 16 min 处理的其余的幼根长均在 30 mm 以上,8 min 和 12 min 处理之间没有显著差异,其余处理时间间均有显著的差异。

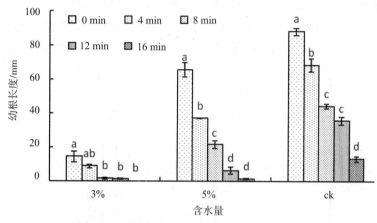

图 4-6　不同含水量种子老化处理后幼根长度变化

（七）人工老化处理对小黑麦种子幼苗干重的影响

从图 4-7 中可以看出,含水量为 3% 种子的幼苗干重均在 0.2 g 以下,处理时间为 4 min、8 min、12 min、16 min 之间幼苗干重的变化不明显,所以显著不差异,5% 含水量的种子的幼苗干重只有 0 min 时间处理的在 0.2 g 以上,4 min、8 min、12 min、16 min 时间处理的都在 0.2 g 以下,8 min、12 min、16 min 时间处理的幼苗干重差距不明显,故没

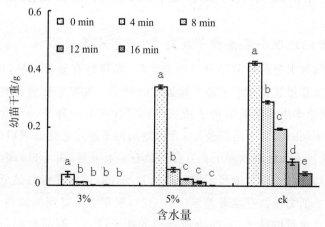

图 4-7　不同含水量种子老化处理后幼苗干重变化

有显著差异。对照(未经过干燥处理的种子)经过老化处理后,种子的幼苗干重随处理时间的延长呈现降低的趋势,处理时间在 4 min 以下的,幼苗干重均在 0.2 g 以上,处理时间在 4 min 以上的,幼苗干重均在 0.2 g 以下。

(八)人工老化处理对小黑麦种子幼根干重的影响

从图 4-8 中可以得知,3%含水量种子的幼根干重均低于 0.1 g,0 min 和 4 min 时间处理之间、8 min 和 12 min 及 16 min 时间处理之间幼根干重的变化不明显,差异不显著。5%含水量种子 0 min 和 4 min 时间处理的差距最大,相差值在 0.2 g 以上,差异显著;而 4 min、8 min、12 min、16 min 间幼根干重的差异不明显,无显著差异。0 min 和 4 min 分别与 8 min、12 min、16 min 间达到了显著差异。对照(未经过干燥处理的种子)经过老化处理后,只有处理时间为 0 min 的幼根干重在 0.3 g 以上,处理时间在 8 min 以下的,幼根干重均在 0.1 g 以上,处理时间在 8 min 以上的,幼根干重均在 0.1 g 以下。

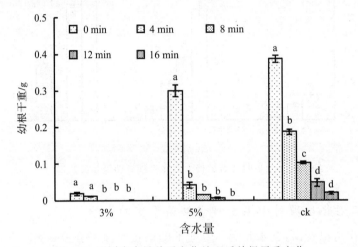

图 4-8　不同含水量种子老化处理后幼根干重变化

三、自然老化处理对不同含水量小黑麦种子萌发性状的影响

(一)自然老化处理小黑麦种子发芽势、发芽率等的影响

不同品种不同含水量的种子经过自然老化后,发芽势有显著差异(图 4-9)。经过干燥处理的种子的发芽势显著高于未经干燥处理的种子。发芽率有显著差异(图 4-10),自然老化处理后,发芽率由高到低的种子依次是:5%含水量的种子、3%含水量的种子、未经干燥处理的种子(ck)。两个品种的 5%含水量的种子经过老化处理后的发芽率在 60%以上,显著高于未经干燥处理的种子。发芽指数有显著差异(图 4-11),两品种 5%含水量种子的发芽指数均在 30 以上,未经干燥处理的种子(ck)的发芽指数最低,明显低于经过干燥处理的种子。活力指数有显著差异(图 4-12),发芽率由高到低的种子依次是:5%含水量的种子、3%含水量的种子、未经干燥处理的种子(ck)。两品种间,未经干燥处理的

种子(ck)的活力指数明显低于经干燥处理的种子。

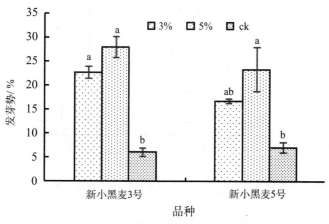

图 4-9 小黑麦种子自然老化后发芽势变化

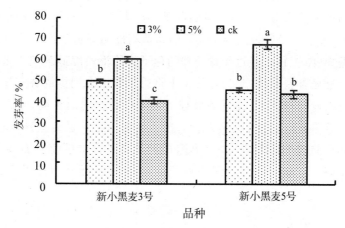

图 4-10 小黑麦种子自然老化后发芽率变化

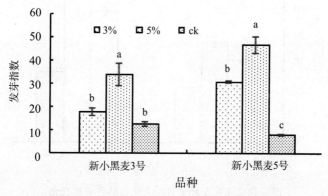

图 4-11 小黑麦种子自然老化后发芽指数变化

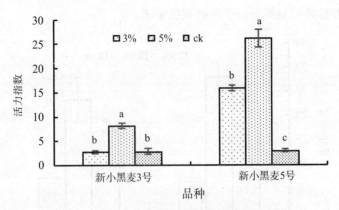

图 12　小黑麦种子自然老化后活力指数变化

(二)自然老化处理对小黑麦种子幼苗高度、幼根长度等的影响

不同品种不同含水量的种子经过自然老化后,幼苗高度有显著差异(图 4-13),幼苗高度由长到短的种子依次是:5％含水量的种子、3％含水量的种子、未经干燥处理的种子(ck)。两品种间,未经干燥处理的种子(ck)的幼苗高度明显低于经干燥处理的种子。幼根长度有显著差异(图 4-14),经过干燥处理的种子的幼根长度显著长于未经干燥处理的种子。幼苗干重有显著差异(图 4-15),幼苗干物质积累由多到少的种子依次是:5％含水量的种子、3％含水量的种子、未经干燥处理的种子(ck)。两品种间,未经干燥处理的种子(ck)的幼苗干重明显低于经干燥处理的种子。幼根干重有显著差异(图 4-16),幼根干物质积累由多到少的种子依次是:5％含水量的种子、3％含水量的种子、未经干燥处理的种子(ck)。两品种间,未经干燥处理的种子(ck)的幼根干重明显低于经干燥处理的种子。

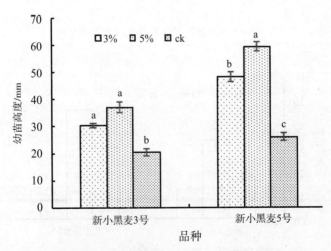

图 4-13　小黑麦种子自然老化后幼苗高度变化

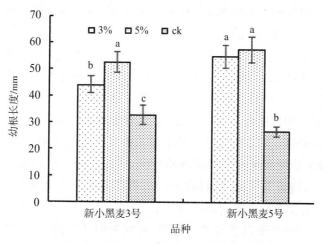

图 14 小黑麦种子自然老化后幼根长度变化

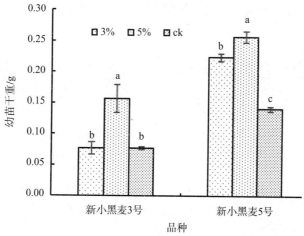

图 15 小黑麦种子自然老化后幼苗干重变化

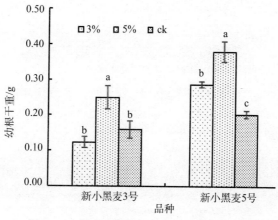

图 16 小黑麦种子自然老化后幼根干重变化

　　人工老化法是研究种子劣变和寿命机制的常用方法,可以克服常温下自然老化所需时间较长的不足,使种子活力差别在较短时间内表现出来。人工老化因其可克服自然老化所需时间较长的不足而被广泛应用于大豆等油料作物的耐储藏性研究。这可为种子的长期储存提供参考依据。利用高温高湿人工加速老化的方法,可以在相同处理条件下、较短时间内得到老化程度不同的种子。许多研究者认为,种子在高温高湿条件下老化与自然条件下老化的机制是一致的,只是劣变的速度大大提高了,这能使研究者在相当短的时间内进行研究。对不同含水量的小黑麦种子进行人工老化处理,萌发试验结果表明,同时进行超干处理和高温高湿处理的种子,活力急速下降。未经超干处理的种子在自然老化条件下,随着老化处理时间的延长,种子活力逐渐下降,老化处理时间超过12 min 以后,种子的发芽率下降到 50% 以下。

　　自然老化反应的是种子自然劣变的过程,研究表明适当超干处理的种子,可以延长自然保存的时间。将不同含水量种子在自然状态下保存了 10 年,进行萌发试验,结果表明,含水量较低的种子,自然劣变速度较慢。另外试验结果表明,未经干燥处理的种子自然老化 10 年的种子发芽率与人工老化处理 12 min 左右的种子发芽率相近。

第五章　小黑麦耐盐性研究

　　土壤盐渍化属于一个全球性生态问题,是当今世界耕地退化和土地荒漠化的主要因素之一。全球盐碱地面积已达 9.5×10^8 hm^2。中国盐渍土总面积约 1×10^8 hm^2,其中现代盐渍化土壤约 0.37×10^8 hm^2,残余盐渍化土壤约 0.45×10^8 hm^2,潜在盐渍化土壤约 0.17×10^8 hm^2。土壤盐渍化是现代农业所面临的主要问题之一,盐分胁迫影响植物产量、蛋白质合成和光合作用以及能量代谢。因此,研究如何提高植物抗盐性,提高盐渍土地中农作物的产量和质量有着极为重要的意义。

　　新疆干旱区有大量盐碱地,很大程度上限制农业的可持续发展,对于盐碱地利用改良将面临巨大的挑战。小黑麦是由小麦和黑麦经过属间杂交育成的一个新物种,结合了小麦的高产、优质和黑麦的抗逆性强、适应范围广的优点,盐碱地上种植耐盐碱小黑麦既有生产效益,又有改良土壤盐渍化作用。小黑麦耐盐种质资源的筛选在国内起步较晚。王白羽等(2010)以对耐盐胁迫性能具有差异的六倍体小黑麦材料为对象,通过 cDNA-AFLP 技术筛选在盐胁迫下差异表达的基因片段,进而利用 RACE 技术克隆其 DNA 全长,并对其功能进行检验。该研究旨在为小黑麦耐盐基因工程育种提供候选基因,同时为从分子水平上理解小黑麦的耐盐机理提供理论依据。任丽彤等(2011)为了解不同基因型小黑麦萌发期的耐盐能力,以 87 份小黑麦品种(系)为材料,分析了不同浓度 NaCl 溶液(100～250 mmol/L)处理后小黑麦种子萌发的变化。结果表明,200～250 mmol/L NaCl 对小黑麦种子萌发影响显著。在 200 mmol/L NaCl 胁迫下,可以鉴别不同小黑麦材料的耐盐性差异。利用 200 mmol/L NaCl 胁迫下的发芽势、发芽率、发芽指数及幼苗干重的耐盐系数进行聚类分析,87 份材料中,耐盐性较强的材料有 32 份,中间型有 14 份,盐敏感型 41 份。这些试验对小黑麦耐盐种质资源的筛选起到重大作用。小黑麦耐盐碱研究已有相关报道,但是主要研究了氯化钠盐的胁迫情况,也有少许硫酸钠盐的研究报道。碳酸氢钠与碳酸氢钠也是新疆盐碱地的主要致害盐分,很少见到研究报道。王瑞清等(2014,2016)利用春性小黑麦种质资源,研究了小黑麦种质资源耐盐性;研究了 NaCl、NaHCO₃、Na₂SO₄、Na₂CO₃盐胁迫对小黑麦种子萌发和生理生化指标影响,旨在为小黑麦耐盐育种及其对盐碱地的改良提供参考依据。

第一节　小黑麦耐盐种质资源的筛选

利用石河子大学麦类作物研究所(材料编号与名称见表 5-1),用 200 mmol/L 的 NaCl 溶液进行盐胁迫处理。

表 5-1　试验材料名称及编号

编号	材料名称	编号	材料名称	编号	材料名称
1	HJ10-6	17	10 鉴 13	33	11 鉴 6
2	HJ10-43	18	H07-1	34	H11-1
3	H09-2	19	10 鉴 19	35	H11-5
4	10 鉴 16	20	HJ10-15	36	10 鉴 17
5	10 鉴 9	21	H11-4	37	10 鉴 15
6	H10-4	22	H10-6	38	H11 鉴 8
7	H11-2	23	HJ10-17	39	11 鉴 3
8	08 鉴 A	24	HJ10-3	40	HJ10-40
9	11 鉴 1	25	HJ10-2	41	H10-7
10	H010-1	26	H10-2	42	H11-8
11	11 鉴 13	27	11 鉴 12	43	11 鉴 16
12	HJ10-29	28	H11-3	44	11 鉴 14
13	新小黑麦 4 号	29	09 鉴 4	45	H08-1
14	11 鉴 7	30	11 鉴 11	46	11 鉴 10
15	11 鉴 15	31	10 鉴 3	47	H11-7
16	10 鉴 6	32	11 鉴 4		

一、盐胁迫下小黑麦种子萌发性状表现

盐胁迫下小黑麦种子萌发性状表明(表 5-2),47 个小黑麦材料在 9 个萌发性状上均表现出一定的差异,不同材料间变异系数存在较大的差异,除幼根长度、幼根个数、幼苗干重的变异系数在 50% 以下之外,其他性状的变异系数均在 60% 以上,特别是活力指数

和发芽势的变异系数达到 99% 和 96%。其中活力指数的变异系数最大达到了 99%,其观察值变化范围为 0~74.848 0,其次是发芽势,其变异系数为 96%,观察值变化范围为 0~96,再就是发芽指数,变异系数达到了 83%。从多样性指数可以看出,发芽率的多样性指数最高,为 2.011 9,其他性状由高到低依次是幼苗干重>幼根长度>发芽指数>幼根个数>幼苗长度>发芽势>活力指数>幼根干重。统计分析结果表明,试验中研究的小黑麦种子萌发各性状差异较大,具有丰富的多样性,平均多样性指数为 1.771 3,多样性指数最大的为发芽率,最小的为幼根干重,可为小黑麦育种以及后代选择提供较大的选择空间。

表 5-2 盐胁迫下小黑麦种子萌发性状表现

性状	最大值	最小值	平均值	极差	标准差	变异系数	多样性指数
发芽势/%	96.000 0	0.000 0	20.439 72	96.000 0	19.710 23	0.96	1.613 9
发芽率/%	100.000 0	0.000 0	41.404 3	100.000 0	28.465 3	0.69	2.011 9
发芽指数	46.833 3	0.000 0	14.243 7	46.833 3	11.870 0	0.83	1.867 2
活力指数	74.848 0	0.000 0	10.629 8	74.848 0	10.547 7	0.99	1.550 1
幼苗长度/cm	4.182 1	0.189 3	1.282 8	3.992 8	0.905 4	0.71	1.824 7
幼根长度/cm	8.900 0	0.000 0	3.247 7	8.900 0	1.253 8	0.39	1.892 8
幼根个数/个	6.000 0	0.000 0	4.195 0	6.000 0	1.155 6	0.28	1.830 4
幼苗干重/g	0.301 6	0.014 6	0.137 0	0.286 9	0.061 4	0.45	1.893 9
幼根干重/g	0.878 8	0.019 3	0.215 4	0.859 5	0.145 8	0.68	1.456 9

二、小黑麦种子耐盐性表现

盐害指数随着材料对盐敏感程度的增加而增大,从小黑麦种子耐盐性(表 5-3)可以看出,HJ10-6、H11-2、09 鉴 4、11 鉴 11、10 鉴 15 的耐盐性为 1 级,占全部材料的 10.64%;10 鉴 16、10 鉴 9、H10-4、11 鉴 1、10 鉴 13、HJ10-17、10 鉴 17 的耐盐性为 2 级,占全部材料的 14.89%;HJ10-43、H09-2、11 鉴 13、新小黑麦 4 号、11 鉴 15、11 鉴 12、H11-3、10 鉴 3、11 鉴 6、H11-5、11 鉴 3 的耐盐性为 3 级,占全部材料的 23.40%;08 鉴 A、HJ10-29、11 鉴 7、H07-1、HJ10-15、H11-4、HJ10-3、HJ10-2、H10-2、11 鉴 4、H11-1、H10-7、11 鉴 16、H08-1 的耐盐性为 4 级,占全部材料的 29.79%;H010-1、10 鉴 6、10 鉴 19、H10-6、H11 鉴 8、HJ10-40、H11-8、11 鉴 14、11 鉴 10、H11-7 的耐盐性为 5 级,占全部材料的 21.28%。耐盐性为 1 级即耐盐性最好,盐害指数在 0~20%,耐盐性最差为 5 级,盐害指数为 80%~100%。统计分析结果表明,在 47 个小黑麦材料中盐害指数最小的是 H11-2,为 4.7%,即耐盐性最好;盐害指数最大的是 HJ10-40,为 96%,即耐盐性最差,可为小黑麦耐盐性的选择提供参考。

表 5-3　小黑麦种子耐盐性表现

编号	材料名称	盐害指数	耐盐级别	编号	材料名称	盐害指数	耐盐级别	编号	材料名称	盐害指数	耐盐级别
1	HJ10-6	13.5	1级	17	10鉴13	29.3	2级	33	11鉴6	46.0	3级
2	HJ10-43	44.7	3级	18	H07-1	67.3	4级	34	H11-1	74.0	4级
3	H09-2	43.3	3级	19	10鉴19	88.0	5级	35	H11-5	40.7	3级
4	10鉴16	26.7	2级	20	HJ10-15	68.7	4级	36	10鉴17	26.7	2级
5	10鉴9	23.3	2级	21	H11-4	63.3	4级	37	10鉴15	20.0	1级
6	H10-4	38.0	2级	22	H10-6	88.0	5级	38	H11鉴8	94.0	5级
7	H11-2	4.7	1级	23	HJ10-17	23.3	2级	39	11鉴3	40.7	3级
8	08鉴A	71.0	4级	24	HJ10-3	62.7	4级	40	HJ10-40	96.0	5级
9	11鉴1	32.7	2级	25	HJ10-2	75.3	4级	41	H10-7	78.0	4级
10	H010-1	83.0	5级	26	H10-2	70.7	4级	42	H11-8	86.0	5级
11	11鉴13	56.0	3级	27	11鉴12	50.0	3级	43	11鉴16	79.3	4级
12	HJ10-29	65.0	4级	28	H11-3	43.0	3级	44	11鉴14	87.0	5级
13	新小黑麦4号	48.7	3级	29	09鉴4	20.0	1级	45	H08-1	66.7	4级
14	11鉴7	74.0	4级	30	11鉴11	17.3	1级	46	11鉴10	92.7	5级
15	11鉴15	54.0	3级	31	10鉴3	53.3	3级	47	H11-7	84.0	5级
16	10鉴6	84.7	5级	32	11鉴4	65.3	4级				

　　萌发期的耐盐试验测试是对小麦耐盐性早期鉴定及耐盐个体与品种早期选择的基础,试验是以发芽率、发芽势、幼苗生长作为抗盐性指标的。研究表明,不同小黑麦品种在盐胁迫下发芽率、发芽势、幼苗长度等萌发性状有着极显著的差异,说明在同一种盐同一浓度下,不同品种(系)小黑麦耐盐程度不同。盐胁迫下小黑麦萌发性状均表现出一定的差异,变异系数波动很大,其中活力指数和发芽势的变异系数最大,为99%和96%;另外从多样性性指数看出,发芽率的多样性指数最大,不同品种(系)小黑麦具有丰富的多样性,为小黑麦耐盐种质资源的筛选奠定了理论基础。

　　通过计算相对盐害指数可将小黑麦的耐盐程度分为5级,试验材料中12份小黑麦材料为1级或2级,表现出较高的耐盐性;24份小黑麦材料为4级或5级,表现出较差的耐盐性,其发芽率、发芽势等萌发性状显著受到盐胁迫而与其他品种(系)小黑麦产生极大的差距;11份小黑麦材料为3级,即在盐胁迫条件下,影响到小黑麦种子的萌发,但比4级或5级的材料表现略好。综合所有测试指标,HJ10-6、H11-2、09鉴4、11鉴11、10鉴15表现出较高的耐盐性,H010-1、10鉴6、10鉴19、H10-6、H11鉴8、HJ10-40、H11-8、11鉴14、11鉴10、H11-7对盐胁迫较为敏感,耐盐性差。

↘ 第二节 盐胁迫对小黑麦种子萌发与幼苗生长的影响

一、盐胁迫下小黑麦种子萌发性状的变化

（一）盐胁迫下小黑麦种子发芽率的变化

由图 5-1 至图 5-4 可以看出，新小黑麦 1 号、新小黑麦 3 号、新小黑麦 4 号在不同浓度的 NaCl、NaHCO$_3$、Na$_2$SO$_4$、Na$_2$CO$_3$ 溶液胁迫下种子的发芽率随盐溶液浓度的增加呈现下降的趋势。在 NaCl 溶液浓度[①]为 150 mmol/L 时（图 5-1），新小黑麦 1 号种子的发芽率呈现明显下降趋势，与对照相比下降了 45％左右。在 NaCl 溶液浓度为 200 mmol/L 时，新小黑麦 3 号种子的发芽率开始下降，在浓度为 250 mmol/L 时下降幅度急剧增大，种子发芽率下降到 10％以下。在 NaCl 溶液浓度为 200 mmol/L 时，新小黑麦 4 号种子的发芽率在 20％左右。

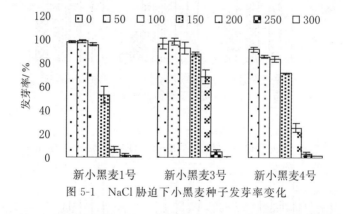

图 5-1 NaCl 胁迫下小黑麦种子发芽率变化

在 NaHCO$_3$ 溶液浓度为 90 mmol/L 时（图 5-2），新小黑麦 1 号和新小黑麦 4 号种子的发芽率呈现明显下降趋势，在溶液浓度为 90 mmol/L 时种子的发芽率均下降到 40％以下。在 NaHCO$_3$ 溶液浓度为 30 mmol/L 时，新小黑麦 3 号种子的发芽率开始下降，在浓度为 120 mmol/L 时下降幅度急剧增大，种子发芽率下降到 25％左右。在 Na$_2$SO$_4$ 溶液浓度为 90 mmol/L 时（图 5-3），3 个小黑麦品种的发芽率均在 80％以上，在溶液浓度为 150 mmol/L 时 3 个小黑麦品种的发芽率急剧下降，均下降到 40％以下。在 Na$_2$CO$_3$ 溶液浓度为 30 mmol/L 时（图 5-4），3 个小黑麦品种的发芽率均在 80％以上，在溶液浓度为 45 mmol/L 时 3 个小黑麦品种的发芽率急剧下降，均下降到 60％以下。

---

① 本章中提到的浓度为物质的量浓度。

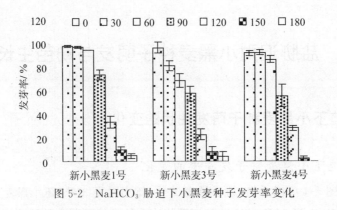

图 5-2　NaHCO₃ 胁迫下小黑麦种子发芽率变化

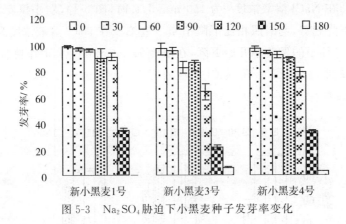

图 5-3　Na₂SO₄ 胁迫下小黑麦种子发芽率变化

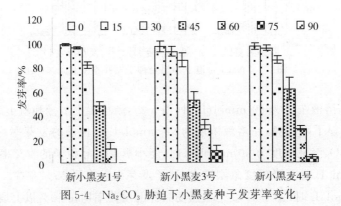

图 5-4　Na₂CO₃ 胁迫下小黑麦种子发芽率变化

(二)盐胁迫下小黑麦种子发芽指数的变化

由图 5-5 至图 5-8 可以看出,新小黑麦 1 号、新小黑麦 3 号、新小黑麦 4 号在不同浓度的 NaCl、NaHCO₃、Na₂SO₄、Na₂CO₃ 溶液胁迫下种子的发芽指数随盐溶液浓度的增加呈现下降的趋势。在 NaCl 溶液浓度为 150 mmol/L 时(图 5-5),新小黑麦 1 号种子的发芽指数呈现迅速下降,与对照相比下降了 60% 左右。在 NaCl 溶液浓度为 150 mmol/L

时,新小黑麦 3 号种子的发芽指数开始下降,在浓度为 200 mmol/L 时下降幅度急剧增大,种子发芽指数下降到 15% 以下。在 NaCl 溶液浓度为 150 mmol/L 时,新小黑麦 4 号种子的发芽指数在 35% 左右。

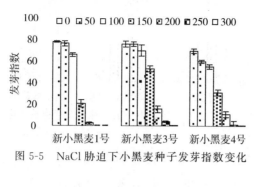

图 5-5　NaCl 胁迫下小黑麦种子发芽指数变化

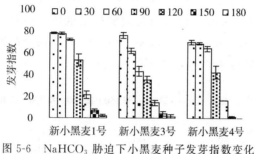

图 5-6　$NaHCO_3$ 胁迫下小黑麦种子发芽指数变化

在 $NaHCO_3$ 溶液浓度为 90 mmol/L 时(图 5-6),新小黑麦 1 号和新小黑麦 4 号种子的发芽指数呈现明显下降趋势,在溶液浓度为 90 mmol/L 时种子的发芽指数均下降到 55% 左右。在 $NaHCO_3$ 溶液浓度为 30 mmol/L 时,新小黑麦 3 号种子的发芽指数就开始下降,在浓度为 120 mmol/L 时下降幅度急剧增大,种子发芽指数下降到 20% 以下。在 Na_2SO_4 溶液浓度为 90 mmol/L 时(图 5-7),新小黑麦 1 号和新小黑麦 4 号种子的发芽指数呈现明显下降趋势,在溶液浓度为 90 mmol/L 时种子的发芽指数均下降到 55% 左右。在溶液浓度为 150 mmol/L 时 3 个品种小黑麦种子的发芽指数均很低,下降到 10% 以下。在 Na_2CO_3 溶液浓度为 45 mmol/L 时(图 5-8),3 个小黑麦品种的发芽指数呈现明显下降趋势。

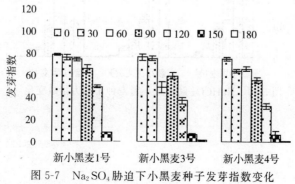

图 5-7　Na_2SO_4 胁迫下小黑麦种子发芽指数变化

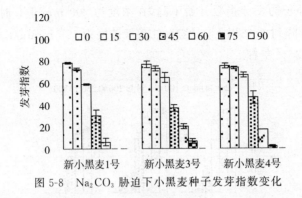

图 5-8 Na₂CO₃ 胁迫下小黑麦种子发芽指数变化

(三)盐胁迫下小黑麦种子活力指数的变化

由图 5-9 至图 5-12 可以看出,3 个小黑麦品种在不同浓度的 NaCl、NaHCO₃、Na₂SO₄、Na₂CO₃溶液胁迫下种子的活力指数随盐溶液浓度的增加呈现下降的趋势,而且变化趋势基本一致。在低浓度盐溶液,Na₂SO₄、Na₂CO₃溶液胁迫下的 3 个小黑麦品种活力指数是 NaCl、NaHCO₃盐溶液胁迫下的 2 倍左右。

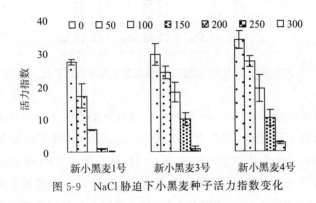

图 5-9 NaCl 胁迫下小黑麦种子活力指数变化

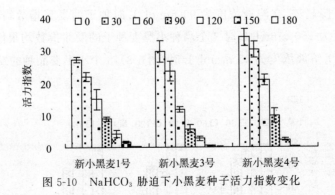

图 5-10 NaHCO₃ 胁迫下小黑麦种子活力指数变化

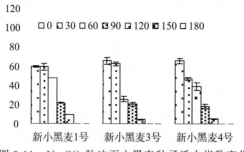

图 5-11　Na_2SO_4 胁迫下小黑麦种子活力指数变化

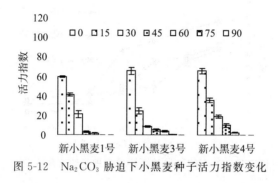

图 5-12　Na_2CO_3 胁迫下小黑麦种子活力指数变化

二、盐胁迫下小黑麦种子幼苗性状的变化

(一)盐胁迫下小黑麦种子幼苗高度的变化

由图 5-13 至图 5-16 可以看出,3 个小黑麦品种在不同浓度的盐溶液胁迫下幼苗高度随盐溶液浓度的增加呈现下降的趋势。在 NaCl 溶液浓度为 100 mmol/L 时(图 5-13),新小黑麦 1 号、新小黑麦 3 号的幼苗高度呈现迅速下降,与对照相比均下降了 60% 左右,新小黑麦 4 号在 NaCl 溶液浓度为 200 mmol/L 时(图 5-13),幼苗高度呈现迅速下降。在 NaCl 溶液浓度为 250 mmol/L 时(图 5-13),新小黑麦 1 号、新小黑麦 4 号的幼苗高度几乎为零,而新小黑麦 3 号在 NaCl 溶液浓度为 300 mmol/L 时仍然有一定的幼苗生长量。

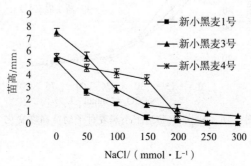

图 5-13　NaCl 胁迫下小黑麦种子幼苗高度变化

在 NaHCO₃ 溶液浓度为 60 mmol/L 时(图 5-14),新小黑麦 1 号幼苗高度呈现明显下降趋势,在溶液浓度为 90 mmol/L 时新小黑麦 4 号幼苗高度呈现明显下降趋势,在溶液浓度为 120 mmol/L 时新小黑麦 3 号幼苗高度呈现明显下降趋势,在浓度为 180 mmol/L 时 3 个品种均有一定的幼苗生长量。在 Na₂SO₄ 溶液浓度为 90 mmol/L 时(图 5-15),3 个小黑麦品种幼苗高度呈现明显下降趋势,幼苗高度在 50 mm 左右。在溶液浓度为 180 mmol/L 时几乎没有幼苗生长量。在 Na₂CO₃ 溶液浓度为 30 mmol/L 时(图 5-16),3 个小黑麦品种幼苗高度呈现明显下降趋势,幼苗高度在 50 mm 左右,在溶液浓度为 90 mmol/L 时均有幼苗生长量。

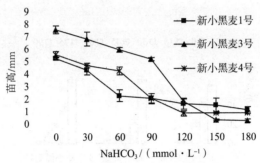

图 5-14　NaHCO₃ 胁迫下小黑麦种子幼苗高度变化

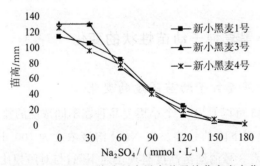

图 5-15　Na₂SO₄ 胁迫下小黑麦种子幼苗高度变化

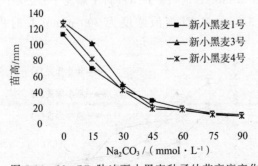

图 5-16　Na₂CO₃ 胁迫下小黑麦种子幼苗高度变化

（二）盐胁迫下小黑麦种子幼根长度的变化

由图 5-17 至图 5-20 可以看出,在不同浓度的 NaCl、NaHCO_3、Na_2SO_4、Na_2CO_3 溶液
胁迫下种子 3 个小黑麦品种种子萌发的幼根长度随盐溶液浓度的增加呈现下降的趋势。
在 NaCl 溶液浓度为 250 mmol/L 时(图 5-17),新小黑麦 1 号和新小黑麦 4 号种子萌发的
幼根长度很小,几乎为零,而新小黑麦 3 号仍然有一定的幼根生长量。在 NaHCO_3 溶液浓
度为 120 mmol/L 时(图 5-18),3 个小黑麦品种种子萌发的幼根长度均很小。在 Na_2SO_4 溶
液浓度为 120 mmol/L 时(图 5-19),3 个小黑麦品种种子萌发的幼根长度接近于 0。在
Na_2SO_4 溶液浓度为 30 mmol/L 时与对照相比胚根长有一定上升的趋势,在 Na_2CO_3 溶
液浓度为 15 mmol/L 时根长迅速下降,在 45 mmol/L 时(图 5-20),3 个小黑麦品种种子
萌发的幼根长度均很小,随浓度增加幼根不再生长。

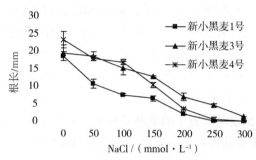

图 5-17　NaCl 胁迫下小黑麦种子幼根长度变化

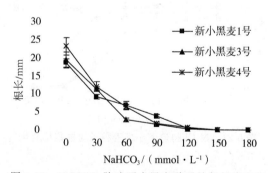

图 5-18　NaHCO_3 胁迫下小黑麦种子幼根长度变化

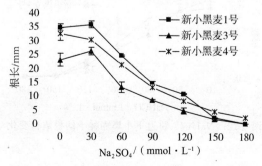

图 5-19　Na_2SO_4 胁迫下小黑麦种子幼根长度变化

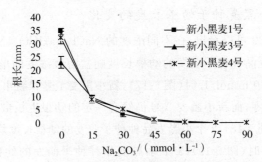

图 5-20 Na_2CO_3 胁迫下小黑麦种子幼根长度的变化

(三)盐胁迫下小黑麦种子幼根数目的变化

由图 5-21 至图 5-24 可以看出,在不同浓度的 NaCl、$NaHCO_3$、Na_2SO_4、Na_2CO_3 溶液胁迫下种子 3 个小黑麦品种种子萌发的幼根数目随盐溶液浓度的增加呈现下降的趋势。在 NaCl 溶液浓度为 250 mmol/L 时,新小黑麦 3 号和新小黑麦 4 号种子萌发的幼根数目很小,几乎为零,而新小黑麦 1 号仍然有一定的幼根数目。在 $NaHCO_3$ 溶液浓度为 150 mmol/L 时,3 个小黑麦品种种子萌发的幼根数均很小。在 Na_2SO_4 溶液浓度为 150 mmol/L 时,3 个小黑麦品种种子萌发的幼根数在 2 个左右。在 Na_2CO_3 溶液浓度为 75 mmol/L 时,3 个小黑麦品种种子萌发过程中没有幼根生长。

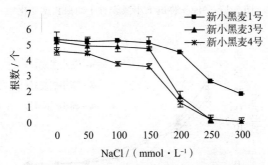

图 5-21 NaCl 胁迫下小黑麦种子幼根数目变化

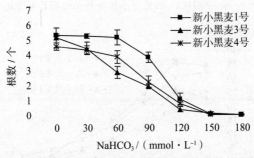

图 5-22 $NaHCO_3$ 胁迫下小黑麦种子幼根数目变化

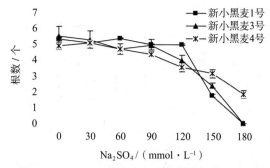

图 5-23　Na₂SO₄胁迫下小黑麦幼苗根数的变化

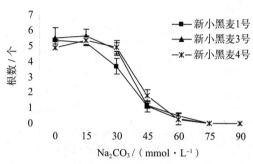

图 5-24　Na₂CO₃胁迫下小黑麦幼苗根数的变化

（四）盐胁迫下小黑麦种子幼苗干重的变化

由图 5-25 至图 5-28 可以看出，3 个小黑麦品种在不同浓度的盐溶液胁迫下幼苗干重随盐溶液浓度的增加呈现下降的趋势。在 NaCl 溶液浓度为 150 mmol/L 时，幼苗干重为新小黑麦 4 号＞新小黑麦 3 号＞新小黑麦 1 号。在 NaCl 溶液浓度为 250 mmol/L 时，新小黑麦 1 号、新小黑麦 3 号的幼苗干重几乎为零，而新小黑麦 4 号在 NaCl 溶液浓度为 300 mmol/L 时仍然有一定的幼苗生长量。

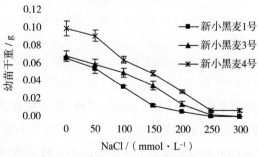

图 5-25　NaCl 胁迫下小黑麦种子幼苗干重变化

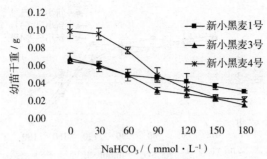

图 5-26　NaHCO₃胁迫下小黑麦种子幼苗干重变化

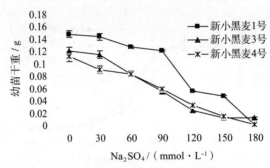

图 5-27　Na₂SO₄胁迫下小黑麦幼苗干重变化

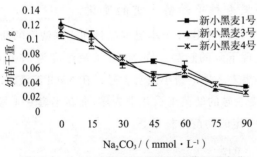

图 5-28　Na₂CO₃胁迫下小黑麦幼苗干重变化

在 NaHCO₃溶液浓度为 0～90 mmol/L 时,新小黑麦 1 号,新小黑麦 3 号、新小黑麦 4 号幼苗干重呈现明显下降趋势,在溶液浓度为 180 mmol/L 时 3 个品种均有一定的幼苗生长量。在 Na₂SO₄溶液浓度为 0～120 mmol/L 时,新小黑麦 3 号和小黑麦 4 号品种幼苗高度呈现明显下降趋势,在溶液浓度为 180 mmol/L 时几乎没有幼苗生长量,新小黑麦 1 号波动较大。在 Na₂CO₃溶液浓度为 0～90 mmol/L 时,3 个小黑麦品种幼苗高度呈现明显下降趋势,新小黑麦 3 号、新小黑麦 4 号在 30～60 mmol/L 时有波动,在盐溶液浓度为 90 mmol/L 时 3 个小黑麦品种均有幼苗生长量。

(五)盐胁迫下小黑麦种子幼根干重的变化

由图 5-29 至图 5-32 可以看出,在不同浓度的 NaCl、NaHCO$_3$、Na$_2$SO$_4$、Na$_2$CO$_3$ 溶液胁迫下种子 3 个小黑麦品种子萌发的幼根干重随盐溶液浓度的增加呈现下降的趋势。在 NaCl 溶液浓度为 250 mmol/L 时,新小黑麦 1 号和新小黑麦 3 号种子萌发的幼根长度很小,几乎为零,而新小黑麦 4 号仍然有一定的幼根生长量。在 NaHCO$_3$ 溶液浓度为 120 mmol/L 时,3 个小黑麦品种子萌发的幼根干重均很小。在 Na$_2$SO$_4$ 溶液浓度为 150 mmol/L 时,3 个小黑麦品种子萌发过程中的幼根干重在 0.02～0.04 g 左右。在 Na$_2$CO$_3$ 溶液浓度为 60 mmol/L 时,3 个小黑麦品种子萌发随浓度增加幼根不再生长。

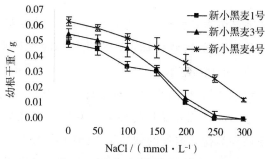

图 5-29　NaCl 胁迫下小黑麦种子幼根干重变化

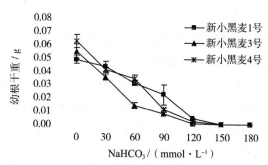

图 5-30　NaHCO$_3$ 胁迫下小黑麦种子幼根干重变化

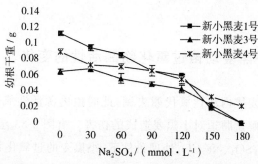

图 5-31　Na$_2$SO$_4$ 胁迫下小黑麦幼根干重变化

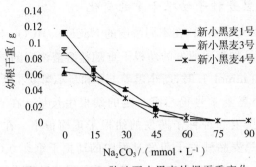

图 5-32　Na₂CO₃ 胁迫下小黑麦幼根干重变化

种子耐盐性研究是进行植物耐盐性早期鉴定的基础，因此发芽率、发芽指数、活力指数等常作为评价种子发芽的指标，这些指标可以反映种子的发芽速度、发芽整齐度和幼苗健壮的趋势。小黑麦种子的萌发生长对 NaCl、NaHCO₃、Na₂SO₄、Na₂CO₃ 盐胁迫均比较敏感，高浓度的盐溶液对不同品种的小黑麦种子萌发均有显著的抑制作用，品种之间差异不显著。在盐胁迫下，3 个小黑麦品种的种子发芽率、发芽指数、活力指数、幼苗高度及幼根长度等都随着不同种类盐分浓度的增加呈下降趋势，NaCl、Na₂SO₄ 主要抑制胚芽的生长，而 NaHCO₃、Na₂CO₃ 主要抑制胚根的发生。盐胁迫下小黑麦种子发芽率能稳定通过 50% 的最大浓度（阈值）为：NaCl 浓度为 150 mmol/L；Na₂SO₄ 浓度为120 mmol/L；NaHCO₃ 浓度为 90 mmol/L；Na₂CO₃ 浓度在 45 mmol/L。由此可以看出 4 种盐对 3 个品种的抑制作用 Na₂CO₃ 表现最强，NaHCO₃ 次之，Na₂SO₄ 较弱，NaCl 最弱。通过研究新疆盐碱地常见 4 种盐对小黑麦种子的胁迫反应，发现 4 种单盐胁迫规律不尽相同，又因为土壤中的盐含量也并非单一，所以需要进一步进行复盐对小黑麦种子的胁迫研究。另外单从种子的萌发与幼苗生长情况，还不足以说明小黑麦耐盐性的强弱，应该进一步测定盐胁迫后小黑麦幼苗的各项生理生化指标并一起进行分析，将更具有说服力。

第三节　盐胁迫对小黑麦幼苗生理生化特性的影响

一、盐胁迫下小黑麦幼苗过氧化物酶活性的变化

在盐胁迫下，小黑麦体内活性氧代谢失调，此时由内源活性氧清除剂构成的酶保护系统被激活，以此来缓解盐胁迫对小黑麦造成的伤害。由图 5-33 至图 5-36 可见，较低浓度 NaCl、NaHCO₃、Na₂SO₄、Na₂CO₃ 处理条件下，小黑麦的过氧化物酶活性（POD 活性）均逐渐增大，当 NaCl、NaHCO₃、Na₂SO₄、Na₂CO₃ 溶液浓度增大到一定程度时，POD 活性开始下降。这是因为小黑麦体内活性氧的产生能力大于清除能力时，过量的活性氧就

破坏或降低了保护性酶的结构或活性,当 NaCl 溶液浓度增大到 150 mmol/L 时新小黑麦 3 号和新小黑麦 5 号的过氧化物酶活性都达到了最大值(峰值),当 NaHCO₃ 溶液浓度增大到 120 mmol/L 时新小黑麦 3 号和新小黑麦 5 号的过氧化物酶活性都达到了最大值(峰值),当 Na₂SO₄ 溶液浓度增大到 90 mmol/L 时新小黑麦 3 号和新小黑麦 5 号的过氧化物酶活性都达到了最大值(峰值),Na₂CO₃ 溶液浓度增大到 45 mmol/L 时新小黑麦 3 号和新小黑麦 5 号的过氧化物酶活性都达到了最大值(峰值),四种盐胁迫下新小黑麦 3 号和新小黑麦 5 号的过氧化物酶活性变化规律比较相似,但是在每个盐浓度下新小黑麦 3 号的过氧化物酶活性都高于新小黑麦 5 号。

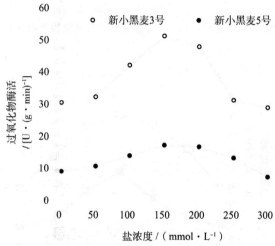

图 5-33　NaCl 胁迫下小黑麦幼苗过氧化物酶的变化

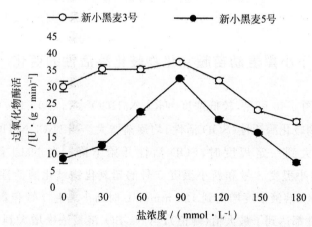

图 5-34　NaHCO₃ 胁迫下小黑麦幼苗过氧化物酶的变化

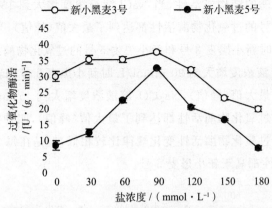

图 5-35　Na₂SO₄ 胁迫下小黑麦幼苗过氧化物酶的变化

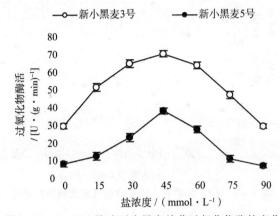

图 5-36　Na₂CO₃ 胁迫下小黑麦幼苗过氧化物酶的变化

二、盐胁迫下小黑麦幼苗超氧化物歧化酶活性的变化

由图 5-37 至图 5-40 可见,较低浓度 NaCl、NaHCO₃、Na₂SO₄、Na₂CO₃ 处理条件下,小黑麦的超氧化物歧化酶活性(SOD 活性)均逐渐增大。当 NaCl、NaHCO₃、Na₂SO₄、Na₂CO₃ 溶液浓度增大到一定程度时,SOD 活性开始下降。当 NaCl 溶液浓度增大到 150 mmol/L 时新小黑麦 3 号和新小黑麦 5 号的超氧化物歧化酶活性都达到了最大值(峰值),当 NaHCO₃ 溶液浓度增大到 120 mmol/L 时新小黑麦 3 号和新小黑麦 5 号的超氧化物歧化酶活性都达到了最大值(峰值),当 Na₂SO₄ 溶液浓度增大到 90 mmol/L 时新小黑麦 3 号和新小黑麦 5 号的超氧化物歧化酶活性都达到了最大值(峰值),Na₂CO₃ 溶液浓度增大到 45 mmol/L 时新小黑麦 3 号和新小黑麦 5 号的超氧化物歧化酶活性都达到了最大值(峰值),四种盐胁迫下新小黑麦 3 号和新小黑麦 5 号的超氧化物歧化酶活性变化规律比较相似。

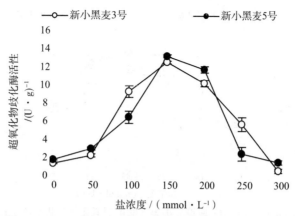

图 5-37 NaCl 胁迫下小黑麦幼苗超氧化物歧化酶的变化

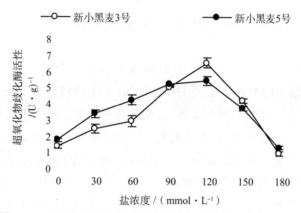

图 5-38 NaHCO₃ 胁迫下小黑麦幼苗超氧化物歧化酶的变化

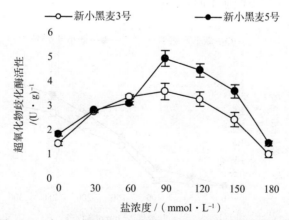

图 5-39 Na₂SO₄ 胁迫下小黑麦幼苗超氧化物歧化酶的变化

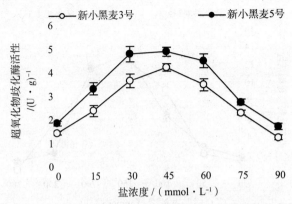

图 5-40　Na_2CO_3 胁迫下小黑麦幼苗超氧化物歧化酶的变化

三、盐胁迫下小黑麦幼苗脯氨酸含量的变化

由图 5-41 至图 5-44 可知,小黑麦的脯氨酸含量均随 $NaCl$、$NaHCO_3$、Na_2SO_4、Na_2CO_3 溶液浓度增加而上升。在 $NaHCO_3$ 和 Na_2CO_3 溶液胁迫下新小黑麦 3 号的脯氨酸含量变化幅度明显大于新小黑麦 5 号,这说明新小黑麦 3 号需要大量积累脯氨酸来减少盐胁迫对其造成的严重伤害,而新小黑麦 5 号的耐盐($NaHCO_3$、Na_2CO_3)性较强,脯氨酸的积累没有新小黑麦 3 号增加显著。在 $NaCl$ 溶液胁迫下新小黑麦 5 号的脯氨酸含量变化幅度明显大于新小黑麦 3 号,说明新小黑麦 3 号的耐盐($NaCl$)性较强,脯氨酸的积累没有新小黑麦 5 号增加显著。在 Na_2SO_4 溶液胁迫下两个品种游离脯氨酸含量及其变化规律无明显差异。因此在小黑麦耐盐性的问题上,单盐胁迫下游离脯氨酸含量变化因为盐种类不同、作物品种不同而不同。

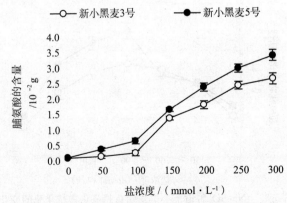

图 5-41　$NaCl$ 胁迫下小黑麦幼苗脯氨酸含量的变化

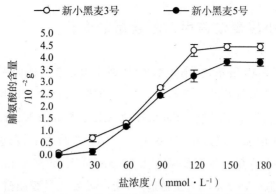

图 5-42　NaHCO₃ 胁迫下小黑麦幼苗脯氨酸含量的变化

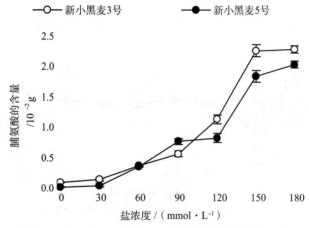

图 5-43　Na₂SO₄ 胁迫下小黑麦幼苗脯氨酸含量的变化

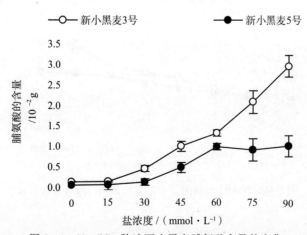

图 5-44　Na₂CO₃ 胁迫下小黑麦脯氨酸含量的变化

四、盐胁迫下小黑麦幼苗丙二醛含量的变化

如图图 5-45 至图 5-48 所示,新小黑麦 3 号、新小黑麦 5 号体内丙二醛(MDA)含量随着不同种类盐的盐浓度不断升高呈现不断上升的趋势,这是由于小黑麦受到盐胁迫时产生过量的活性氧使膜脂发生了过氧化作用,导致 MDA 含量随 NaCl、NaHCO$_3$、Na$_2$SO$_4$、Na$_2$CO$_3$ 溶液的增加而增加。但是在 Na$_2$SO$_4$、Na$_2$CO$_3$ 盐胁迫下,新小黑麦 3 号膜脂过氧化程度达到高峰,MDA 含量分别在盐浓度为 90 mmol/L 和 30 mmol/L 时达到峰值,此后 MDA 含量逐渐降低。在 Na$_2$CO$_3$ 盐胁迫下,新小黑麦 5 号膜脂过氧化程度达到高峰,MDA 含量在盐浓度为 60 mmol/L 时达到峰值,此后 MDA 含量逐渐降低,只是 MDA 含量峰值出现较晚,且变化幅度较小。

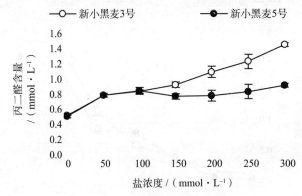

图 5-45　NaCl 胁迫下小黑麦幼苗丙二醛含量的变化

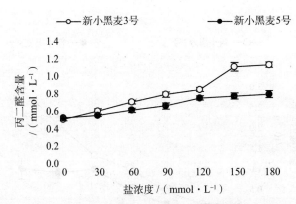

图 5-46　NaHCO$_3$ 胁迫下小黑麦幼苗丙二醛含量的变化

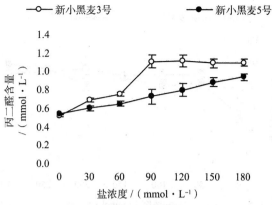

图 5-47　Na_2SO_4 胁迫下小黑麦幼苗丙二醛含量的变化

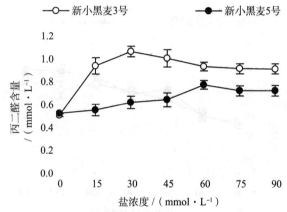

图 5-48　Na_2CO_3 胁迫下小黑麦幼苗丙二醛的变化

五、盐胁迫下小黑麦幼苗相对电导率的变化

盐胁迫下,在细胞外部形态发生变化之前,细胞膜透性就发生变化,最先受到破坏的是细胞膜透性。幼苗渗透到水中的电介质可用电导率来表示,这是衡量细胞膜透性的一个标准。电导率高,破坏程度大,反之亦然。如图 5-49 至图 5-52 所示,新小黑麦 3 号、新小黑麦 5 号幼苗相对电导率随着不同种类盐的盐浓度不断升高呈现不断上升的趋势。在 Na_2SO_4、Na_2CO_3 盐胁迫下,新小黑麦 5 号的相对电导率高于新小黑麦 3 号,说明新小黑麦 3 号的耐盐性强于新小黑麦 5 号。

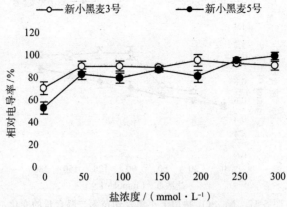

图 5-49　NaCl 胁迫下小黑麦幼苗相对电导率的变化

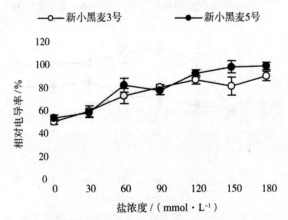

图 5-50　NaHCO₃ 胁迫下小黑麦幼苗相对电导率的变化

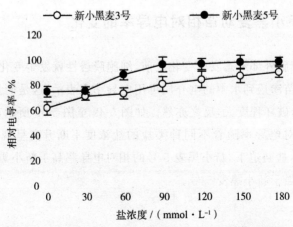

图 5-51　Na₂SO₄ 胁迫下小黑麦幼苗相对电导率的变化

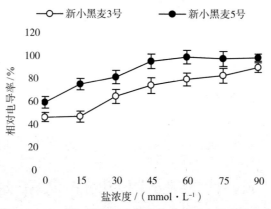

图 5-52　Na_2CO_3 胁迫下小黑麦幼苗相对电导率的变化

盐胁迫下小黑麦的过氧化物酶和超氧化物歧化酶的活性随着盐浓度的提高不断增长，达到一个峰值后又呈现下降趋势；这与 2010 年刘会超等研究发现随着 NaCl 浓度的升高三色堇幼苗茎的 POD 活性呈下降—上升—下降的趋势的研究相反。NaCl 浓度为 150 mmol/L 时新小黑麦 3 号和新小黑麦 5 号的过氧化物酶含量都达到了最大值（峰值），而 $NaHCO_3$ 的峰值为 120 mmol/L 时，Na_2SO_4 为 90 mmol/L，Na_2CO_3 为 45 mmol/L，由此可以看出四种盐对两个品种的抑制作用 Na_2CO_3 表现最强，Na_2SO_4 次之，$NaHCO_3$ 较弱，NaCl 最弱。

脯氨酸和丙二醛的含量、相对电导率在四种盐的胁迫下随着盐浓度不断升高呈现不断上升的趋势，呈正相关；这与汤华等（2007）报道的玉米幼苗根系的脯氨酸含量与盐浓度高度正相关的结果相一致。在 $NaHCO_3$ 和 Na_2CO_3 溶液胁迫下新小黑麦 3 号的脯氨酸含量变化幅度明显大于新小黑麦 5 号，在 NaCl 溶液胁迫下新小黑麦 5 号的脯氨酸含量变化幅度明显大于新小黑麦 3 号，在 Na_2SO_4 溶液胁迫下两个品种游离脯氨酸含量及其变化规律无明显差异，因此在小黑麦耐盐性的问题上，单盐胁迫下游离脯氨酸含量变化因为盐种类不同作物品种不同而不同，可见游离脯氨酸在盐胁迫下积累的意义是复杂的，有待进一步研究。

在 Na_2SO_4、Na_2CO_3 盐胁迫下，新小黑麦 5 号的相对电导率高于新小黑麦 3 号，且 4 种盐胁迫下新小黑麦 3 号和新小黑麦 5 号的过氧化物酶活性变化规律比较相似，但是在每个盐浓度下新小黑麦 3 号的过氧化物酶活性都高于新小黑麦 5 号。因此，新小黑麦 3 号表现较强的耐盐性，新小黑麦 5 号耐盐性相对较弱。

第六章 小黑麦数量性状多元统计分析

在小黑麦利用过程中既可以产粮又能够获得大量的秸秆或者优质青草,这在很大程度上解决了养殖业遇到的粗饲料、青饲料和精饲料地区短缺问题,并且小黑麦的种植还具有成本低、收益大的特点。小黑麦在我国安徽、新疆、甘肃、黑龙江、河北、四川、江苏等地均有种植。通过改良,小黑麦已成为一种很有发展前途的新作物和饲料来源。因此,小黑麦的研究已引起人们的广泛重视。近年来,国内外小黑麦育种、栽培和生理学家们对小黑麦的耐盐性、抗旱性等方面开展了大量工作,同时对小黑麦的经济价值和饲用价值等方面也有大量研究,这些研究成果大大地促进了小黑麦在世界范围的发展,小黑麦在我国的发展对解决我国粮饲问题发挥重要作用,因而对它的研究也需要更全面、更深入。

当前的科学技术使得研究人员能够比较容易地获得所关注对象的大量数据。如何从海量的数据中挖掘出具有可解释性的结论信息是当前研究热点,特征融合和数据降维是其中一个重要环节。多元统计分析就是这样一种被广泛研究和应用的数理统计方法。

第一节 多元统计分析方法简介

多元统计分析是从经典统计学中发展起来的一个分支,是一种综合分析方法,它能够在多个对象和多个指标互相关联的情况下分析它们的统计规律,很适合农业科学研究。当总体的分布是多维(多元)概率分布时,处理该总体的数理统计理论和方法。20世纪30年代,R.A.费希尔,H.霍特林,许宝騄以及S.N.罗伊等人做出了一系列奠基性的工作,使多元统计分析在理论上得到迅速发展。20世纪50年代中期,随着电子计算机的发展和普及,多元统计分析在农业、地质、气象、生物、医学、图像处理、经济分析等许多领域得到了广泛的应用,同时也促进了理论的发展。各种统计软件包如 SAS、SPSS、DPS 等,使实际工作者利用多元统计分析方法解决实际问题更简单方便。重要的多元统计分析方法有:多元方差分析、相关分析、回归分析、聚类分析、典型相关分析、灰色关联度分析等。

一、多元方差分析

方差分析就是将总变异剖分为各个变异来源的相应部分,从而发现各变异原因在总变异中相对重要程度的一种统计分析方法。$k(k \geqslant 3)$ 个样本平均数的假设测验方法,即方差分析。其中,扣除了各种试验原因所引起的变异后的剩余变异提供了试验误差的无偏估计,作为假设测验的依据。方差是平方和除以自由度的商。要将一个试验资料的总变异分解为各个变异来源的相应变异,首先必须将总自由度和总平方和分解为各个变异来源的相应部分。因此,自由度和平方和的分解是方差分析的第一步。在方差分析的体系中,F 测验可用于检测某项变异因素的效应或方差是否真实存在。所以在计算 F 值时,总是以要测验的那一项变异因素的均方为分子,而以另一项变异(例如试验误差项)的均方为分母。这个问题与方差分析的模型和各项变异来源的期望均方有关。在此测验中,如果做分子的均方小于做分母的均方,则 $F < 1$;此时不必查 F 表即可确定 $P > 0.05$,应接受 H_0。对一组试验数据通过平方和与自由度的分解,将所估计的处理均方与误差均方做比较,由 F 测验推论处理间有显著差异,对有些试验来说方差分析已算告一段落,但对有些试验来说,其目的不仅在于了解一组处理间总体上有无实质性差异,更在于了解哪些处理间存在真实差异,故需进一步做处理平均数间的比较。一个试验中 k 个处理平均数间可能有 $k(k-1)/2$ 个比较,因而这种比较是复式比较亦称为多重比较(multiple comparisons)。通过方差分析后进行平均数间的多重比较,不同于处理间两两单独比较。多重比较有多种方法,常用的有三种:最小显著差数法、复极差法(q 法)和 Duncan 新复极差法。

二、相关分析

任何事物的存在都不是孤立的,而是相互联系、相互制约的。如身高与体重、体温与脉搏等都存在一定的联系。这说明客观事物相互间关系的密切程度并用适当的统计指标表示出来,这个过程就是相关分析。相关分析是研究现象之间是否存在某种依存关系,并对具体有依存关系的现象探讨其相关方向以及相关程度,是研究随机变量之间的相关关系的一种统计方法。对于坐标点呈直线趋势的两个变数,如果并不需要由 X 来估计 Y,而仅需了解 X 和 Y 是否确有相关以及相关的性质(正相关或负相关),则首先应算出表示 X 和 Y 相关密切程度及其性质的统计数——相关系数,有简单相关系数(一般指两变数间的相关系数)、偏相关系数(研究在多变量的情况下,当控制其他变量影响后,两个变量间的直线相关程度,又称净相关或部分相关。例如,偏相关系数 $r_{13.2}$ 表示控制变量 x_2 的影响之后,变量 x_1 和变量 x_3 之间的直线相关。偏相关系数较简单直线相关系数更能真实反映两变量间的联系)、复相关系数(也称多元相关系数,在 $M=m+1$ 个变数中,m 个变数的综合和 1 个变数的相关,叫作多元相关或复相关,多元相关系数记作 $R_{y.12\cdots m}$,读作依变数 y 和 m 个自变数的多元相关系数)。

三、回归分析

当变量之间呈现因果关系时可以用回归分析;当自变量和因变量之间呈现显著的线性关系时,则应采用线性回归的方法,建立因变量关于自变量的线性回归模型;根据自变量的个数,线性回归模型可分为一元线性回归模型和多元线性回归模型。同样,当自变量和因变量之间呈现显著的非线性关系时,则可建立因变量关于自变量的非线性回归模型;根据自变量的个数,非线性回归模型可分为一元线性回归模型和多元线性回归模型。

(一)一般线性回归

线性回归模型侧重考查变量之间的数量变化规律,并通过线性表达式,即线性回归方程,来描述其关系,进而确定一个或几个变量的变化对另一个变量的影响程度,为预测提供科学依据。

一般线性回归的基本步骤如下:

(1)确定回归方程中的自变量和因变量。

(2)从收集到的样本数据出发确定自变量和因变量之间的数学关系式,即确定回归方程。

(3)建立回归方程,在一定统计拟合准则下估计出模型中的各个参数,得到一个确定的回归方程。

(4)对回归方程进行各种统计检验。

(5)利用回归方程进行预测。

(二)多元回归

多元回归或复回归(multiple regression)是指依变数为两个或两个以上自变数的回归。多元回归统计数的计算及检验(矩阵法)方法如下:

(1)构成结构矩阵;

(2)结构矩阵转置;

(3)计算结构矩阵和转置的乘积;

(4)计算逆矩阵;

(5)计算转置矩阵与矩阵的乘积;

(6)计算回归系数矩阵;

(7)回归方程的预测、控制功能;

(8)最优多元直线回归方程的建立。

(三)曲线回归

曲线回归(curvilinear regression)或非线性回归(non-linear regression):两个变数间呈现曲线关系的回归。曲线回归分析或非线性回归分析:以最小二乘法分析曲线关系资料在数量变化上的特征和规律的方法。曲线回归分析方法的主要内容有:①确定两个变数间数量变化的某种特定的规则或规律;②估计表示该种曲线关系特点的一些重要参数,如回归参数、极大值、极小值和渐近值等;③为生产预测或试验控制进行内插,或在论据充足时做出理论上的外推。

曲线回归分析的一般程序曲线方程配置(curve fitting):是指对两个变数资料进行曲线回归分析,获得一个显著的曲线方程的过程。由试验数据配置曲线回归方程,一般包括以下 3 个基本步骤:

(1)根据变数 X 与 Y 之间的确切关系,选择适当的曲线类型。

(2)对选定的曲线类型,线性化后按最小二乘法原理配置直线回归方程,并做显著性测验。

(3)将直线回归方程转换成相应的曲线回归方程,并对有关统计参数做出推断。

四、聚类分析

聚类分析又称群分析、点群分析,是它是研究多要素事物分类问题的数量方法,是一种新兴的多元统计方法,是当代分类学与多元分析的结合。对于总体分类未知的一群事物依照"物以类聚"思想,把性质相近的事物归入同一类,而把性质相差较大的事物归入不同类的一种统计分析方法。

聚类分析是一种探索性的分析,在分类的过程中,人们不必事先给出一个分类的标准,聚类分析能够从样本数据出发,自动进行分类。聚类分析所使用方法的不同,常常会得到不同的结论。不同研究者对于同一组数据进行聚类分析,所得到的聚类数未必一致。

聚类分析可以分为两种类型:一种是对样品聚类,另一种是对指标聚类。依据研究对象(样品或指标)的特征,对其进行分类的方法,减少研究对象的数目。在聚类分析中,通常我们将根据分类对象的不同分为 Q 型聚类分析和 R 型聚类分析两大类。R 型聚类分析不但可以了解个别变量之间的关系的亲疏程度,而且可以了解各个变量组合之间的亲疏程度。Q 型聚类分析可以综合利用多个变量的信息对样本进行分类;分类结果是直观的,聚类谱系图非常清楚地表现其数值分类结果;聚类分析所得到的结果比传统分类方法更细致、全面、合理。度量相似或疏远程度常有两种指标:距离和相似系数。而样本聚类通常使用距离,而指标聚类时通常使用相似系数或相异系数。两种聚类在数学上是对称的,没有什么不同。

五、典型相关分析

1936 年,Hotelling 提出了典型相关分析(Canonical correlation analysis)。基于复相关系数的定义方法,自然考虑到两组变量的线性组合,并研究它们之间的相关系数 $p(u,v)$。在所有的线性组合中,找一对相关系数最大的线性组合,用这个组合的单相关系数来表示两组变量的相关性,叫作两组变量的典型相关系数,而这两个线性组合叫作一对典型变量。在两组多变量的情形下,需要用若干对典型变量才能完全反映出它们之间的相关性。下一步,再在两组变量的与 u_1,v_1 不相关的线性组合中,找一对相关系数最大的线性组合,它就是第二对典型变量,而且 $p(u_2,v_2)$ 就是第二个典型相关系数。这样下去,可以得到若干对典型变量,从而提取出两组变量间的全部信息。典型相关分析是利用综合变量对之间的相关关系来反映两组指标之间的整体相关性的多元统计分析方法。它的基本原理是:为了从总体上把握两组指标之间的相关关系,分别在两组变量中提取有代表性的两个综合变量 U_1 和 V_1(分别为两个变量组中各变量的线性组合),利用这两个综合变量之间的相关关系来反映两组指标之间的整体相关性。典型相关分析的步骤有:①确定典型相关分析的目标;②设计典型相关分析;③检验典型相关分析的基本假设;④估计典型模型,评价模型拟合程度;⑤解释典型变量;⑥验证模型。典型相关分析研究两组变量间的相互依赖关系,是把两组变量间的相关变为两个新的变量之间的相关,而又不抛弃原来变量的信息,这两个新的变量分别是由第一组变量和第二组变量的线性组合构成的。因此采用典型相关分析可以综合地反映两组变量间相关的本质,指出导致两组性状间相关主要是由哪些性状间的相关引起的。

典型性相关分析与简单相关分析相比,简单相关分析有时可能受某些因素的影响,反映的是表面的而非本质的联系,甚至有时是假象。所以,典型性相关分析在相关分析中有其独特的作用。典型相关分析的实质就是在两组随机变量中选取若干个有代表性的综合指标,用这些指标的相关关系来表示原来的两组变量的相关关系。这在两组变量的相关性分析中,可以起到合理的简化变量的作用;当典型相关系数足够大时,可以像回归分析那样,由一组变量的数值预测另一组变量的线性组合的数值。因而掌握这一主要信息有助于我们在多目标育种实践中采用简便易行的方法,利用易于选择的目标,抓主要矛盾,采取相应措施提高育种效率。

六、灰色关联度分析

灰色系统分析方法针对不同问题性质有几种不同做法,灰色关联度分析(Grey Reati-onal Analysis)是其中的一种。基本上灰色关联度分析是依据各因素数列曲线形状的接近程度做发展态势的分析。灰色系统理论提出了对各子系统进行灰色关联度分析的概念,意图通过一定的方法,去寻求系统中各子系统(或因素)之间的数值关系。简言之,灰色关联度分析的意义是指在系统发展过程中,如果两个因素变化的态势是一致的,即同步变化程度较高,则可以认为两者关联较大;反之,则两者关联度较小,因此,灰色关联度分析对于一个系统发展变化态势提供了量化的度量,非常适合动态的历程分析。灰色关联度可分成"局部性灰色关联度"与"整体性灰色关联度"两类。二者主要的差别在于局部性灰色关联度有一参考序列,而整体性灰色关联度是任一序列均可为参考序列。关联度分析是基于灰色系统的灰色过程,进行因素间时间序列的比较来确定哪些是影响大的主导因素,是一种动态过程的研究。

第二节　小黑麦籽粒与饲草品质性状的典型相关分析

本研究(王瑞清等,2007)通过该方法分析小黑麦的籽粒与饲草品质性状,达到在小黑麦育种中根据部分籽粒与饲草品质性状的间接选择改良整体的目的。

一、小黑麦籽粒与饲草品质性状的方差分析

田间试验在石河子大学农学院试验站进行,前茬为油葵绿肥。2006 年 3 月采取随机区组设计,3 次重复,田间种植 21 个小黑麦育种材料,每个材料种一个小区,总计 63 个小区。每小区种三行,行长为 1.5 m,行距为 20 cm,单粒点播,株距 5 cm,四周设置保护行。

在扬花期后 10 d,每个小区选取有代表性的 5 个植株,在石河子大学农学院试验站田间实验室进行杀青(105℃烘 30 min)、烘干(80℃烘至恒重)、称重,制成干样粉碎、过筛(40 目)、混合均匀,进行饲草品质性状测定。测定项目包括粗蛋白、粗脂肪、粗纤维、粗灰分和无氮浸出物。室内测定主要在石河子大学动物科技学院饲草品质性状分析开放实验室和石河子大学农学院作物遗传育种实验室进行。蜡熟期,每个小区选取有代表性的 5 个植株,在石河子大学农学院试验站田间实验室进行室内考种。考种项目包括:株高、穗下节间长、单株有效穗数、每穗粒数、穗长、单株产量(即单株粒重)和千粒重。考种标准参考孙元枢主编的《中国小黑麦遗传育种研究与应用》一书中的小黑麦品种性状的考种标准。

对 21 个小黑麦材料的 12 个性状进行方差分析(表 6-1),只有单株穗数的方差分析结果表明差异不显著,其他 11 个性状的差异均达到了极显著水平,在此基础上对差异显著的 11 个性状可以做进一步分析。

表 6-1　小黑麦主要经济性状的方差分析表

性状	均方			F
	区组	处理	机误	
单株产量	149.704 9	143.903 2	18.759 8	7.670 8**
单株穗数	1.469 8	1.743 17	1.053 9	1.653 9
每穗粒数	425.514 8	1181.632 0	132.531 0	8.915 9**
千粒重	109.179 2	138.142 2	19.028 9	7.259 6**
株高	972.152 4	2155.922 0	38.633 3	55.804 7**
穗下节间长	52.923 8	806.601 0	26.387 3	30.567 8**
穗长	3.438 09	6.283 8	1.320 64	4.758 2**
粗蛋白	1.819 7	10.945 2	0.389 5	28.095 6**
粗灰分	0.581 8	3.904 3	0.064 8	60.226 6**
粗脂肪	5.405 1	18.918 8	0.083 2	227.498 8**
粗纤维	0.650 7	287.818 1	0.141 1	2 039.679 0**
无氮浸出物	1.938 3	434.859 6	0.305 9	1421.191 0**

注:"*"表示 0.05 水平差异达到了显著水平,"**"表示 0.01 水平差异达到了显著水平。

二、小黑麦籽粒与饲草品质性状的典型相关系数

把 11 个性状分成三组:第一组为产量构成性状,包括单穗粒数(x_1)、千粒重(x_2)、单株产量(x_3);第二组为株型性状,包括株高(x_4)、穗下节间长(x_5)、穗长(x_6);第三组为饲草品质性状,包括粗蛋白(x_7)、粗灰分(x_8)、粗脂肪(x_9)、粗纤维(x_{10})、无氮浸出物(x_{11})。由表 6-2 可知,将求得的典型相关系数及对应的典型变量组合,经卡方检验表明,产量构成性状与株型性状、产量构成性状与饲草品质性状以及株型性状与饲草品质性状的典型相关系数中均有一个达到显著或极显著水平。这说明小黑麦的产量构成性状与株型性状、产量构成性状与饲草品质性状以及株型性状与饲草品质性状存在显著或极显著相关关系,两两性状组间的相关主要由那些载荷量较高的变量所决定。

表 6-2　典型相关系数的卡方检验

典型变量		典型相关系数	卡方值	显著水平
产量构成性状	株型性状	0.858 9**	26.507 6	0.001 7
		0.479 4	4.157 2	0.385 1
		0.084 3	0.103 5	0.747 7

典型变量		典型相关系数	卡方值	显著水平
产量构成性状	饲草品质性状	0.785 6*	25.538 7	0.043 2
		0.642 9	9.966 2	0.267 4
		0.377 8	2.079 4	0.556 1
株型性状	饲草品质性状	0.831 5*	24.529 2	0.036 6
		0.526 9	5.901 0	0.658 3
		0.280 1	1.103 3	0.776 3

注:"*"表示 0.05 水平差异达到了显著水平,"* *"表示 0.01 水平差异达到了显著水平。

三、小黑麦籽粒与饲草品质性状的典型相关变量

由表 6-3 结果可见,产量构成性状与株型性状的典型变量组合中,单株产量(x_3,0.758 3)、穗下节间长(x_5,0.806 6)和株高(x_4,0.575 3)的载荷量较大。产量构成性状与饲草品质性状的典型变量组合中,单株产量(x_3,0.964 1)、粗灰分(x_8,0.596 5)和粗脂肪(x_9,0.740 9)的载荷量较高。株型性状与饲草品质性状的典型变量组合中,株高(x_4,0.791 4)、穗下节间长(x_5,0.608 3)、粗蛋白(x_7,0.567 2)和粗脂肪(x_9,0.771 0)的载荷量较高。

表 6-3　典型相关分析及典型变量

第一组变量	第二组变量	典型相关系数	典型变量的构成
产量构成性状	株型性状	0.858 9**	$U=0.542\ 0x_1-0.362\ 3x_2+0.758\ 3x_3$
			$V=0.575\ 3x_4-0.806\ 6x_5+0.135\ 7x_6$
产量构成性状	饲草品质性状	0.785 6*	$U=-0.011\ 0x_1+0.266\ 5x_2+0.964\ 1x_3$
			$V=0.135\ 7x_7+0.596\ 5x_8+0.740\ 9x_9+0.138\ 3x_{10}+0.240\ 1x_{11}$
株型性状	饲草品质性状	0.831 5*	$U=0.791\ 4x_4-0.608\ 3x_5+0.060\ 3x_6$
			$V=0.567\ 2x_7+0.074\ 8x_8+0.771\ 0x_9+0.065\ 9x_{10}+0.271\ 9x_{11}$

注:"*"表示 0.05 水平差异达到了显著水平,"* *"表示 0.01 水平差异达到了显著水平。

本研究结果表明,小黑麦的产量构成性状与株型性状间的相关主要是由单株产量与穗下节间长、单株产量与株高之间的相关引起的。产量构成性状与饲草品质性状的相关主要是由单株产量与粗灰分、单株产量与粗脂肪之间的相关引起的。株型性状与饲草品质性状的相关主要是由株高与粗蛋白、株高与粗脂肪、穗下节间长与粗蛋白、穗下节间长与粗脂肪之间的相关引起的。采用典型相关分析,可以综合地反映两组变量间相关的本质,指出导致两组性状间的相关主要是由哪些性状间的相关引起的。因而,掌握这一主要信息有助于我们在多目标育种实践中采用简便易行的方法,利用易于选择的目标,抓主要矛盾,采取相应措施提高育种效率。正如本研究所揭示,在小黑麦产量育种中通过对穗下节间长、株高的选择即可达到理想的效果。

第三节　小黑麦种质资源农艺性状的相关及聚类分析

本研究(王瑞清等,2015)通过该方法分析小黑麦的籽粒与饲草品质性状,达到在小黑麦育种中根据部分籽粒与饲草品质性状的间接选择改良整体的目的。

一、小黑麦种质资源性状表现

田间试验于 2014 年在塔里木大学农学试验站进行,随机排列,四行区,行长 3.0 m,行距 20 cm,粒距 1.0 cm,人工点播,四周设置保护行。在盛花期,每个材料选取有代表性的 10 个植株,调查旗叶长(cm)、旗叶宽(cm)、倒二叶长(cm)、倒二叶宽(cm)、倒三叶长(cm)、倒三叶宽(cm)、株高(cm)、穗长(cm)、芒长(cm)、穗叶距(cm)、穗下节间长(cm)、单株鲜草重(g)、单株干草重(g)(以上 13 个性状统称为饲草产量性状);在成熟期,每个材料选取有代表性的 10 个植株,单株穗数(个)、单株粒重(g)、每穗小穗数(个)、每小穗粒数(个)、每穗粒数(个)、千粒重(g)、籽粒长(mm)、籽粒宽(mm)(以上 8 个性状统称为籽粒产量性状)等性状。

(一)小黑麦种质资源籽粒产量性状总体表现

小黑麦种质资源籽粒产量性状表明(表 6-4),59 个小黑麦材料在 8 个籽粒产量性状上均表现出一定的差异,不同材料间变异系数存在较大差异,除籽粒长、籽粒宽、每穗小穗数、每小穗粒数的变异系数较小外,其他性状的变异系数均在 20% 以上,其中单株粒重的变异系数最大,达到了 46%,其观察值变化范围为 1.62～11.11 g,其次是单株穗数,变异系数为 34%,观察值变化范围为 1.33～5.33 个。从多样性指数可以看出,单株粒重的多样性指数最高,为 2.112 5,其他性状由高到低依次是千粒重＞每穗粒数＞每小穗粒数＞每穗小穗数＞单株穗数＞籽粒长＞籽粒宽。统计分析结果表明,试验中研究的小黑麦种质资源籽粒产量各性状差异较大,具有丰富的多样性,平均多样性指数为 1.9239,多样性指数最大的为单株粒重,最小的为籽粒宽,可为小黑麦籽粒产量育种以及后代选择提供较大的选择空间。

表 6-4　小黑麦种质资源籽粒产量性状总体表现

性状	最大值	最小值	平均值	极差	标准差	变异系数	多样性指数 H'
单株穗数/个	5.33	1.33	2.75	4.00	0.92	0.34	1.849 9
单株粒重/g	11.11	1.62	4.83	9.49	2.21	0.46	2.112 5
每穗小穗数/个	28.06	12.12	22.40	15.94	3.78	0.17	1.953 9
每小穗粒数/个	3.26	1.40	2.44	1.86	0.38	0.16	1.990 3
每穗粒数/个	58.20	19.23	37.76	38.97	9.55	0.25	1.993 3

续表

性状	最大值	最小值	平均值	极差	标准差	变异系数	多样性指数 H'
千粒重/g	57.20	20.89	47.05	36.31	9.91	0.21	2.072 6
籽粒长/mm	8.99	5.64	7.88	3.35	0.76	0.10	1.820 7
籽粒宽/mm	3.44	2.66	3.07	0.78	0.15	0.05	1.677 4

（二）小黑麦种质资源饲草产量性状总体表现

小黑麦种质资源饲草产量性状表明(表 6-5,59 个小黑麦材料在 13 个饲草产量性状上均表现出一定的差异,所有性状的变异系数均在 14% 以上,其中芒长、单株鲜草重、单株干草重的变异系数居所有性状前三位,均在 29% 及以上,其中芒长的变异系数为 38%,观察值的变化范围为 0.00~8.66 cm,单株鲜草重的变异系数为 29%,观察值的变化范围为 13.63~63.19 g,单株干草重的变异系数为 29%,观察值的变化范围为 3.89~20.68 g,再就是株高、旗叶长的变异系数较高,分别为 23%、20%。从多样性指数可以看出,饲草产量性状的多样性指数均较高,其中株高的多样性指数最高,为 2.1678,其他性状由高到低依次是倒三叶宽>单株鲜草重>穗长>芒长>倒二叶宽>单株干草重>倒二叶长>旗叶宽>穗叶距>旗叶长>穗下节间长。统计分析结果表明,试验中研究的小黑麦种质资源饲草产量各性状差异较大,具有丰富的多样性,平均多样性指数为 2.070 2,多样性指数最大的为株高,最小的为穗下节间长,可为小黑麦饲草育种以及后代选择提供较大的选择空间。

表 6-5　小黑麦种质资源饲草产量性状总体表现

性状	最大值	最小值	平均值	极差	标准差	变异系数	多样性指数 H'
旗叶长/cm	32.98	12.66	23.25	20.32	4.55	0.20	1.967 0
旗叶宽/cm	2.14	1.24	1.59	0.90	0.22	0.14	2.017 7
倒二叶长/cm	38.92	21.62	29.07	17.30	4.31	0.15	2.058 2
倒二叶宽/cm	2.06	1.08	1.52	0.98	0.21	0.14	2.072 7
倒三叶长/cm	34.86	17.20	26.01	17.66	4.27	0.16	2.147 8
倒三叶宽/cm	1.76	0.86	1.32	0.90	0.20	0.15	2.153 2
株高/cm	187.70	84.34	127.28	103.36	29.21	0.23	2.167 8
穗长/cm	16.50	6.40	11.97	10.10	2.02	0.17	2.127 8
芒长/cm	8.66	0.00	4.86	8.66	1.85	0.38	2.102 6
穗叶距/cm	41.40	17.90	31.58	23.50	6.15	0.19	2.007 6
穗下节间长/cm	66.80	35.24	55.36	31.56	8.42	0.15	1.883 2
单株鲜草重/g	63.19	13.63	37.93	49.57	11.09	0.29	2.148 7
单株干草重/g	20.68	3.89	11.42	16.79	3.35	0.29	2.058 5

二、小黑麦种质资源农艺性状间的相关分析

（一）小黑麦种质资源籽粒产量性状间的相关分析

小黑麦种质资源籽粒产量性状间的相关系数表明（表6-6），单株粒重与每穗粒数、千粒重之间具有极显著的正相关关系。单株穗数与每穗小穗数、籽粒长之间具有显著或极显著的负相关关系。每穗粒数与籽粒长之间具有极显著的正相关关系。千粒重与籽粒长、籽粒宽之间具有极显著的正相关关系。因此可以根据各个指标间的相关性大小如何进行单株粒重的间接选择。

表 6-6　小黑麦种质资源籽粒产量性状间的相关系数

相关系数	单株穗数	单株粒重	每穗小穗数	每小穗粒数	每穗粒数	千粒重	籽粒长
单株粒重/g	0.578**						
每穗小穗数/个	−0.411**	0.089					
每小穗粒数/个	0.129	0.193	0.019				
每穗粒数/个	−0.202	0.512**	0.441**	0.117			
千粒重/g	−0.065	0.486**	0.185	−0.005	0.164		
籽粒长/mm	−0.323*	0.213	0.602**	0.019	0.277**	0.516**	
籽粒宽/mm	−0.166	0.112	0.139	−0.020	0.039	0.531**	0.234

注：相关系数的临界值，$\alpha=0.05$ 时，$r=0.2564$；$\alpha=0.01$ 时，$r=0.3328$。

（二）小黑麦种质资源饲草产量性状间的相关分析

小黑麦种质资源饲草产量性状间的相关系数表明（表6-7），单株干草重除与倒二叶宽、芒长差异不显著外，与其他性状间均具有极显著的正相关关系。单株鲜草重与所有性状间均具有极显著的正相关关系。除旗叶长与倒二叶宽、旗叶长与倒三叶宽、旗叶宽与芒长、旗叶宽与穗长、芒长与倒二叶宽、单株干草重与倒二叶宽、芒长与倒三叶宽、芒长与倒三叶长、芒长与单株干草重间没有显著差异外，其他性状两两之间均达到了显著或极显著的相关关系。因此可以根据各个指标间的相关性大小如何进行单株干草重、单株鲜草重的间接选择。

表 6-7　小黑麦种质资源饲草产量性状间的相关系数

相关系数	旗叶长	旗叶宽	倒二叶长	倒二叶宽	倒三叶长	倒三叶宽	株高	穗长	芒长	穗叶距	穗下节间长	单株鲜草重
旗叶宽/cm	0.37**											
倒二叶长/cm	0.74**	0.51**										
倒二叶宽/cm	0.17	0.80**	0.54**									
倒三叶长/cm	0.29*	0.46**	0.74**	0.64**								
倒三叶宽/cm	0.04	0.65**	0.49**	0.89**	0.71**							
株高/cm	0.27*	0.26*	0.54**	0.44**	0.62**	0.46**						
穗长/cm	0.36**	0.18	0.54**	0.35**	0.55**	0.42**	0.67**					

续表

相关系数	旗叶长	旗叶宽	倒二叶长	倒二叶宽	倒三叶长	倒三叶宽	株高	穗长	芒长	穗叶距	穗下节间长	单株鲜草重
芒长/cm	0.33**	−0.05	0.33**	−0.01	0.08	−0.02	0.24*	0.33**				
穗叶距/cm	0.43**	0.27*	0.59**	0.40**	0.37**	0.33**	0.70**	0.45**	0.46**			
穗下节间长/cm	0.47**	0.33**	0.65**	0.44**	0.46**	0.37**	0.78**	0.55**	0.46**	0.96**		
单株鲜草重/g	0.33**	0.40**	0.35**	0.35**	0.35**	0.36**	0.37**	0.47**	0.29*	0.29*	0.33**	
单株干草重/g	0.25*	0.26*	0.30*	0.25*	0.24*	0.27*	0.33**	0.42**	0.22	0.25*	0.32**	0.85**

注:相关系数的临界值,$\alpha=0.05$ 时,$r=0.2369$;$\alpha=0.01$ 时,$r=0.3081$。

三、小黑麦种质资源农艺性状的聚类分析

(一)小黑麦种质资源籽粒产量性状的聚类分析

根据小黑麦种质资源籽粒产量性状对试验材料进行系统聚类分析(图 6-1),在欧氏距离为 51 左右将 59 个种质材料分为三类(表 6-8)。第一类群包括 46 个试验材料,其主

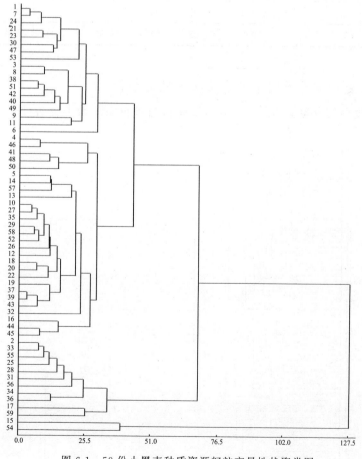

图 6-1　59 份小黑麦种质资源籽粒产量性状聚类图

要特征为单株穗数、单株粒重均较低,但籽粒较大,每穗小穗数较多,总之该类群种质材料籽粒产量性状综合表现较差。第二类群包括 11 个试验材料,其主要特征为穗粒重、千粒重、每穗小穗数最高,单株穗数也较高,有望选育出籽粒产量较高的品种。第三类群包括 2 个试验材料,其主要特征为单株穗数、单株粒重、每穗粒数、每小穗粒数均高于前两个类群,千粒重较高,但是籽粒较小,如果进一步选择有望选育出多穗多粒型品种。

表 6-8　不同类群种质资源籽粒产量性状表现及变异程度

性状	第一类(46)			第二类(11)			第三类(2)		
	平均数	标准差	变异系数	平均数	标准差	变异系数	平均数	标准差	变异系数
单株穗数/个	2.49	0.78	0.31	3.42	0.62	0.18	5	0.47	0.09
单株粒重/g	3.91	1.2	0.31	7.62	1.64	0.21	10.57	0.74	0.07
每穗小穗数/个	22.25	3.72	0.17	23.4	2.74	0.12	20.58	10.58	0.51
每小穗粒数/个	2.38	0.37	0.16	2.59	0.34	0.13	2.92	0.42	0.15
每穗粒数/个	35.72	9.16	0.26	44.92	7.5	0.17	45.16	9.07	0.2
千粒重/g	46.13	10	0.22	50.83	10.03	0.2	47.35	1.78	0.04
籽粒长/mm	7.85	0.81	0.1	8.07	0.48	0.06	7.43	0.86	0.12
籽粒宽/mm	3.07	0.15	0.05	3.08	0.18	0.06	3.04	0.19	0.06

(二)小黑麦种质资源饲草产量性状的聚类分析

根据小黑麦种质资源饲草产量性状对试验材料进行系统聚类分析(图 6-2),在欧氏

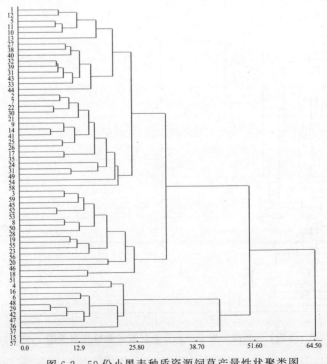

图 6-2　59 份小黑麦种质资源饲草产量性状聚类图

距离为 38.70 左右将 59 个种质材料分为四类(表 6-9)。第一类群包含 48 个种质材料,其主要特征为倒二叶叶片长、倒二叶叶片宽、倒三叶叶片宽、穗叶距、穗下节间长这五个性状表现排列在四个类群之首,均最高;旗叶长宽、株高、产草量也较高。第二类群包含 9 个种质材料,其主要特征为叶片短小、植株矮小、产草量低,总之该类群种质材料饲草产量性状综合表现较差。第三类群包含 1 个种质材料,其主要特征为旗叶、倒二叶叶面积大,鲜草、干草产草量最高,但株高较矮。第四类群包含 1 个种质材料,其主要特征为倒三叶叶面积大,株高最高。因此在选育高产草量小黑麦品种时可以选择第一类群、第三类群中的种质材料,有望尽快育出目标品种。

表 6-9 不同类群种质资源饲草产量性状表现及变异程度

性状	第一类(48)			第二类(9)			第三类(1)	第四类(1)
	平均数	标准差	变异系数	平均数	标准差	变异系数		
旗叶长/cm	24.08	4.49	0.19	22.7	3.46	0.15	31.58	18.04
旗叶宽/cm	1.64	0.2	0.12	1.49	0.3	0.2	1.74	1.3
倒二叶长/cm	30.59	4.08	0.13	25.07	2.82	0.11	29.1	23.3
倒二叶宽/cm	1.59	0.19	0.15	1.35	0.2	0.15	1.28	1.44
倒三叶长/cm	27.26	4.09	0.15	21.2	2.97	0.14	21.82	28.22
倒三叶宽/cm	1.38	0.18	0.13	1.1	0.21	0.19	1.02	1.24
株高/cm	133.37	12.39	0.09	94.05	7.18	0.08	103.8	187.7
穗长/cm	12.49	1.83	0.15	9.27	1.67	0.18	9.74	15.2
芒长/cm	5.16	1.75	0.34	3.2	2.27	0.71	8.34	3.3
穗叶距/cm	34.08	4.62	0.14	22.95	3.84	0.17	25.02	28.8
穗下节间长/cm	58.71	6.39	0.11	42.8	4.24	0.1	47.66	58.5
单株鲜草重/g	40.14	10.17	0.25	24.44	7.87	0.32	63.19	39.85
单株干草重/g	11.83	2.88	0.24	6.97	2.43	0.35	15.05	10.83

第四节 应用灰色关联度综合评价冬性小黑麦品种区域试验

作物新品种综合评价是育种工作的一个重要环节,其方法主要是对区试资料中产量数据进行方差分析,其余性状仅供参考。而实际上其他性状也是评价品种的重要因素,有综合性状好的品种才有推广价值,而"综合性状"又是一模糊的概念。刘录祥率先用供试品种与参考品种的灰关联度评价杂交小麦新品种,使品种的综合性状数量化。

小黑麦结合了小麦和黑麦双亲的特性,与黑麦和小麦相比,不但保持了小麦的丰产和优质,而且还结合了黑麦的抗病、抗逆性以及赖氨酸和蛋白质含量高等特点,且具有杂种优势。作为饲料作物,小黑麦可弥补新疆冬季青饲料的空缺,以及早春青干饲料和优质精饲料的不足。王有武等(2009)运用灰色关联度法对新疆阿拉尔地区小黑麦区域试验材料进行评价,使各性状得到合理评估,为小黑麦品种的审定和推广提供依据。

一、籽粒产量的关联度分析

供试材料由石河子大学农学院作物育种教研室提供,试验于 2006～2007 年在塔里木大学农业试验站进行。供试材料为饲粮兼用型小黑麦品种(系),共 8 个品种(系),分别是 SDWT-4、SDWT-5、WH06-6、WH06-7、WH06-9、WH06-11、WH07-2、中饲 237 (ck)。砂性土壤,土壤肥力中等偏上,3 次重复,小区净面积 $16m^2$,密度为495 万株/hm^2,生育期间管理同大田,在试验过程中,选取籽粒产量(y_1)、鲜草产量(y_2)、干草产量(y_3),生育期(x_1)、基本苗数(x_2)、最高茎数(x_3)、株高(x_4)、穗长(x_5)、结实小穗数(x_6)、不育小穗数(x_7)、每穗粒数(x_8)、千粒重(x_9)、容重(x_{10})共计 13 个主要性状,对各供试品种(系)进行综合评价,各性状表型值取平均值。全部试验数据在 Excel 和 DPS 统计软件上分析。

灰色关联分析是对一个发展变化的系统发展动态的量化比较,其基本思想是根据因素间几何形状的相似程度来判断关联程度。关联度是反映这种密切程度大小的度量,关联度愈大说明因素间变化的势态愈接近,其相互关系愈密切。

将所有的参试材料看成一个灰色系统,而每个材料则是该系统中的一个因素,把小黑麦新品种选育目标与品种优良性状的上限指标结合起来,构建一个参考品种,以该参考品种的各性状指标构成参考数列,记作 x_0[此处分别为籽粒亩产(Y_1)、鲜草产量(Y_2)、干草产量(Y_3)],参试材料各性状值构成比较数列,记作 $X_i(i=1,2,\cdots,m)$,其中 m 为参试材料的份数,各性状用 k 表示($k=1,2,\cdots,n$),n 为变量个数。由公式计算参试材料与参考品种之间的关联系数与关联度。

$$\xi_i(k)=\frac{\min_i\min_k|x_{0(k)}-x_{i(k)}|+\rho\max_i\max_k|x_{0(k)}-x_{i(k)}|}{|x_{0(k)}-x_{i(k)}|+\rho\max_i\max_k|x_{0(k)}-x_{i(k)}|} \tag{6-1}$$

$$r_i=\frac{1}{n}\sum_{k=1}^{n}\xi(k) \tag{6-2}$$

式(6-1)、(6-2)中,$\xi_{i(k)}$ 为 X_i 对 X_0 在 k 点的关联度系数;ρ 为分辨系数,取值范围在 $0\sim1$,一般取 $\rho=0.5$;$\max_i\max_k|x_{0(k)}-x_{i(k)}|$ 称为二级最小差的绝对值,其中 $\min_k|x_{0(k)}-x_{i(k)}|$ 表示 X_0 数列与 X_i 数列在对应点差值中的最小差,在一级最小差基础上再找出其中最小差就是二级最小差;$\max_i\max_k|x_{0(k)}-x_{i(k)}|$ 表示二级最大差的绝对值,x_i 表示关联

度,根据 x_i 的大小,就可以确定比较数列与参考数列的相似程度,从而判断比较数列(品种)的优劣。事实上,反映品种优劣的各性状指标的重要性是不相同的,在评价各品种优劣时还应赋予关联系数不同的权重(W_k),权重系数是根据以往研究的结果、专家经验和育种目标而确定的。故将公式(6-2)改为

$$r_i' = \frac{1}{n}\sum_{k=1}^{n} w_k \xi_i(k) \tag{6-3}$$

(一)数据的无量纲化处理

由于各性状量纲不同,需对各性状原始数据进行无量纲化处理。标准化处理按 $x_{i(k)}=[x_i'_{(k)}-x_i]/S_i$ 将原始数据标准化。$x_i'_{(k)}$ 为各原始数据,x_i 为同一因素值平均数,S_i 为同一因素值标准差。$x_{i(k)}$ 为原始数据标准化处理后的结果,其计算结果如表6-10。

表6-10　8个品种11个性状无量纲化处理

品种	生育期	基本苗数	最高茎数	株高	穗长	结实小穗数	不育小穗数	穗粒数	千粒重	容重	籽粒亩产
SDWT-4	−0.234 1	0.884 4	−0.485 2	−0.962	−0.334	0.295 3	1.192	0.019 4	0.954 3	−2.336 8	−1.246 2
SDWT-5	0.140 5	0.227 3	0.521 1	−1.150 4	−0.193 4	1.870 1	1.365 3	0.360 9	1.127 9	0.193 3	−1.184 5
WH06-6	0.889 8	1.581 8	−0.269 5	−1.462 8	−1.318 5	1.082 7	0.671 8	−1.005	0.433 8	0.138 6	−1.135 9
WH06-7	−0.983 4	−1.022 4	0.413 3	0.634 7	0.228 5	−0.807 1	−1.061 9	0.578 2	0.867 6	0.473 7	0.895 1
WH06-9	−0.608 8	−0.175 9	−1.311 7	0.679 3	−0.052 7	−0.754 6	−1.235 3	0.640 3	−0.433 8	0.323 3	0.874 1
WH06-11	1.639	0.227 3	−1.275 8	0.912 4	2.197 6	−0.413 4	−0.541 8	1.571 6	−1.388 1	0.104 5	0.784 1
WH07-2	0.515 1	−0.135 6	1.239 8	0.624 8	−0.052 7	−0.492 1	−0.541 8	−1.470 7	−0.260 3	0.034 7	0.333 1
中饲237	−1.358	−1.586 8	1.168	0.724	−0.474 7	−0.780 1	0.151 7	−0.694 6	−1.301 4	1.068 6	0.680 0

(二)求绝对差值

用表6-10的数据求参考因素 x_0(此处为籽粒亩产 y_1)与比较因素 x_i 的绝对差值列于表6-11。

表6-11　籽粒亩产与其他因子的绝对差值 Δ_i

性状	生育期	基本苗数	最高茎数	株高	穗长	结实小穗数	不育小穗数	每穗粒数	千粒重	容重
SDWT-4	1.012	2.130 6	0.761 0	0.284 2	0.912 2	1.541 5	2.438 1	1.265 6	2.200 5	1.090 6
DWT-5	1.325 0	1.411 8	1.705 6	0.034 1	0.991 1	3.054 6	2.549 9	1.545 4	2.312 4	1.377 9
H06-6	2.025 6	2.717 6	0.866 3	0.327 0	0.182 7	2.218 5	1.807 7	0.130 8	1.569 6	1.274 5
WH06-7	1.878 5	1.917 5	0.481 8	0.260 4	0.666 5	1.702 2	1.957 0	0.316 9	0.027 5	0.421 4
WH06-9	1.483 1	1.050 1	2.186 0	0.194 9	0.927 0	1.628 9	2.109 6	0.234 0	1.308 1	0.551 0
WH06-11	0.854 9	0.556 8	2.059 9	0.128 3	1.413 5	1.197 5	1.325 9	0.787 5	2.172 2	0.679 6
WH07-2	0.182 0	0.468 7	0.906 7	0.291 7	0.385 9	0.825 3	0.874 9	1.803 8	0.593 4	0.298 4
中饲237	2.038 1	2.266 8	0.488 0	0.044 0	1.154 7	1.460 8	0.528 3	1.374 6	1.981 4	0.388 6

（三）求关联系数

利用公式（6-1）和表 6-10 数据，将二级差代入公式（6-1），分辨系数 ρ 取 0.5，则 $\xi_{i(k)}$ $=\dfrac{0.027\,5+0.5\times3.054\,6}{|\Delta x_i|+0.5\times3.054\,6}$；将相应数值代入该表达式，即可得到 x_o 对 x_i 各因素的关联系数，其结果表明品种各性状的优劣，表现为关联系数的大小，即关联系数大，其对应性状就好，关联系数小，对应性状就差。

（四）求关联度

关联度公式：利用公式 $r_i=\dfrac{1}{n}\sum_{k=1}^{n}\xi(k)$ 分别求出各因素与产量的关联系数，其结果列于表 6-11。

（五）关联序分析

由表 6-12 结果可知，与小黑麦籽粒产量因素相关的各因素关系依次为株高＞容重＞穗长＞穗粒数＞最高茎数＞生育期＞千粒重＞基本苗数＞不育小穗数＞结实小穗数。由表 6-12 关联排序可看出，在小黑麦籽粒产量的 10 个构成因素中，株高、容重、穗长、穗粒数、最高茎数等因素与籽粒产量的关联度较高，说明这几个因素对产量的影响较大。

表 6-12　产量与各性状的关联系数及排序

性状	籽粒产量		鲜草产量		干草产量	
	关联系数	位序	关联系数	位序	关联系数	位序
株高	0.89	1	0.899 7	1	0.859 6	2
容重	0.687 3	2	0.694 5	2	0.728 8	3
穗长	0.666 4	3	0.684 6	4	0.676 4	4
穗粒数	0.663 1	4	0.652 3	3	0.653 1	5
最高茎数	0.595 1	5	0.619 9	5	0.610 8	6
生育期	0.560 7	6	0.564 9	6	0.579 6	7
千粒重	0.548 7	7	0.514 7	8	0.536 4	8
基本苗数	0.529 2	8	0.514 7	7	0.528 2	9
不育小穗数	0.498 8	9	0.492 5	9	0.503 2	10
结实小穗数	0.489 6	10	0.479 8	10	0.486 6	11
鲜草产量	—	—	—	—	0.900 1	1

二、鲜草产量的关联度分析

表 6-12 小黑麦鲜草产量分析结果表明，与小黑麦鲜草产量因素相关的各因素关系依

次为株高＞容重＞穗粒数＞穗长＞最高茎数＞生育期＞基本苗数＞千粒重＞不育小穗数＞结实小穗数。在小黑麦鲜草产量的 10 个构成因素中,株高、容重、穗粒数、穗长、最高茎数、生育期、基本苗数等因素与鲜草产量的关联度较高,说明这几个因素对小黑麦鲜草产量的影响较大。

三、干草产量的关联度分析

表 6-12 小黑麦干草产量分析结果表明,与小黑麦干草产量性状相关的各性状关系依次为鲜草产量＞株高＞容重＞穗粒数＞穗长＞最高茎数＞生育期＞千粒重＞基本苗数＞不育小穗数＞结实小穗数。在小黑麦鲜草产量的 11 个相关性状中,鲜草产量、株高、容重、穗粒数、穗长、最高茎数等因素与干草产量的关联度较高,说明这几个因素对小黑麦干草产量的影响较大。

运用灰色关联度分析对小黑麦新品种(系)进行评价,能充分利用产量以及与产量相关的其他多个性状全部信息,通过构造理想的参考品种,赋予不同性状合理的权重比例,既充分体现了育种目标的要求也使分析结果更接近实际。以上的关联分析结果与生产实际相一致,这表明在分析小黑麦区试资料时,采用灰色关联度分析法来综合评判品种是客观可行的,计算简单易行,且克服了单靠某一性状(如产量)评价品种的弊端,初步认为该方法可以作为小黑麦品种审定的依据和基础。灰色关联度分析结果表明,在影响小黑麦籽粒产量的 10 个构成因素中,株高、容重、穗长、穗粒数、最高茎数等因素与籽粒产量的关联度较高,说明这几个因素对产量的影响较大;在影响小黑麦鲜草产量的 10 个构成因素中,株高、容重、穗粒数、穗长、最高茎数、生育期、基本苗数等因素与鲜草产量的关联度较高;在小黑麦干草产量的 11 个相关性状中,鲜草产量、株高、容重、穗粒数、穗长、最高茎数等因素与干草产量的关联度较高,说明这几个因素对小黑麦干草产量的影响较大。试验应用灰色关联度分析法对小黑麦区域试验材料的评价还只是一种初步尝试,其结论尚有待验证。

第五节　小黑麦干物质积累规律的分析

小黑麦产量形成的实质是能量的转换,作为光合作用产物的最终积累形式是干物质,它的积累和分配与经济产量有密切的关系,是品种改良和高产栽培的重要内容,一直被人们所重视,已从不同的角度对植株干物质积累、分配,开花后干物质积累与籽粒增重以及栽培条件对干物质积累作用等方面进行了广泛的研究。之后,国内和国外的很多研究者相继进行了干物质积累的报道,包括不同密度对干物质积累的影响,不同类型小麦干物质积累等研究。周均湖不同类型超级小麦地上部及籽粒干物质积累动态研究中研究表明不同类型品种地上部及籽粒干物质积累速度和总量不同。多穗性品种地上部干物质积累最多，产量也最高，中间型次之，大穗最低。何其义等(2008)研究了六种小麦品种的干物质积累与运转及产量构成分析，结果表明不同类型品种小麦的叶片、茎鞘、穗部的干物质积累与运转是存在差异的，而花前干物质积累量以及花后干物的积累与运转是小麦产量高低的决定因素，从而导致这六个小麦品种的最终产量存在差异。这六个小麦品种的最终产量表现为皖麦48＞偃展4110＞郑麦9023＞周麦18＞中原98－68＞新麦13。陈跃武等(1999)高产小麦生物质积累多，花前物质积累多向非籽粒器官转化，花后物质积累量占产量的80％以上。其籽粒物质积速度表现为"慢—快—慢"。小麦生育期高积温、多日照、降水及时是增加物质积累量和产量的自然基础，而生育后期延缓叶片衰亡，增加功能叶叶面积等栽培措施，有利于后期物质积累与转化。张利(2007)不同熟小麦品种的干物质的干物质积累和分配规律研究表明各种品种干物质的积累均按 logistic 曲线变化，呈现出慢—快—慢的增长规律，但生长发育过程中不同熟型小麦品种各器官的分配量及分配比列存在较大差异。

　　小黑麦作为一种抗逆性较强的杂交作物，既可以作为粮食，也可以作为饲料，在我国北方地区，因为小黑麦秸秆营养价值比较高，作为饲料越来越受欢迎。王瑞清等(2016)用数学模拟方法研究了小黑麦不同器官的干物质积累的规律，探讨不同器官干物质积累中的关键时期，并从理论上阐述小黑麦干物质积累、分配及产量形成的特点，为合理化田间管理提供理论依据。

一、小黑麦不同器官干物质积累的回归方程的检验

　　田间种植 4 个小黑麦品种，试验地点在农学试验站，采取随机区组设计，3 次重复。每小区种 3 行，行长为 3.0 m，行距为 20 cm，人工点播，株距 5 cm，四周设置保护行。观察记载其田间长势、长相，记载生育期。从三叶期开始每 10 d 进行单株取样一次，测定鲜重、干重，三次重复(即取三株分别在恒温烘箱 105℃杀青 2 h 后，再在 80℃下烘干至恒重，分别称重)，以便获得单株干物质积累动态。在抽穗期选取同一天抽穗的不同品种的单株，每隔 7 d 取样一次，直到成熟，每次取样每个品种取样三株，每株按叶片、叶鞘、茎秆、穗进行分离，然后在恒温烘箱 105℃杀青 2 h 后，再在 80℃下烘干至恒重，分别称重。在开花期每 3 天取样一次，按照同一天开花麦穗每次每个品种取 10 个麦穗烘干(各种样品均在 105℃杀青后 80℃下烘干至恒重，然后分别称重)，剥取籽粒称重，以便获得单穗籽粒干物质积累动态。

　　将小黑麦各个器官的干物质积累动态用 Logistic 方程 $Y=W_m/(1+ea-bx)$ 进行模拟(表1)，结果发现，小黑麦籽粒、单株和不同器官叶片、叶鞘、茎秆、穗的干物质积累有很大差异，并且在此试验中叶片、叶鞘的干物质积累不符合 Logistic 模型，而小黑麦籽粒、单株、茎秆以及穗的干物质积累的回归方程的 F 测验差异达到了极显著水平，说明其回归方程真实存在，因此，这几个指标的试验数据可以进行进一步的分析。

表 6-13　小黑麦不同器官干物质积累的回归分析

性状		初次取样时间	处理	取样次数	回归方程	F 值	P
单穗籽粒		6 月 12 日(开花期)	1 次/3 d	7	$y=1.506\,7/(1+e^{1.656\,0-0.360\,2x})$	14.469 5	0.014 7
单株		4 月 21 日(三叶期)	1 次/10 d	7	$y=4.411\,9/(1+e^{2.176\,1-0.097\,4x})$	35.746 0	0.002 8
单株	叶片	5 月 16 日(抽穗期)	1 次/7 d	6	$y=9.751\,2/(1+e^{2.576\,7-0.005\,5x})$	0.476 8	0.661 0
	叶鞘	5 月 16 日(抽穗期)	1 次/7 d	6	$y=1.808\,4/(1+e^{0.789\,7-0.002\,5x})$	0.105 8	0.902 8
	茎秆	5 月 16 日(抽穗期)	1 次/7 d	6	$y=2.654\,1/(1+e^{0.801\,4-0.082\,6x})$	39.368 6	0.007 0
	穗	5 月 16 日(抽穗期)	1 次/7 d	6	$y=2.987\,4/(1+e^{9.049\,4-0.551\,0x})$	152.519 9	0.001 0

二、小黑麦单穗籽粒干物质积累动态

根据小黑麦单穗籽粒干物质积累方程计算特征值,如上表 6-14,从表可知小黑麦单穗籽粒干物质积累的关键时期是开花后第 3 天至第 9 天。在开花后第 3 天小黑麦单穗籽粒干重进入旺盛生长期,第 9 天结束。在第 5 天生长速率最快,最大速率为 0.135 7 g/d,最大累积量为 1.506 7 g。

表 6-14　小黑麦单穗籽粒干物质积累方程特征值

名称	符号	特征值
生长速率达到最大的时间	t_o	4.597 4
生长速率的最大值	v_m	0.135 7
进入旺盛生长期的时间	t_1	2.941 3
结束旺盛生长期的时间	t_2	8.253 6

三、小黑麦单株干物质积累动态

根据小黑麦单株干物质积累方程计算特征值,如表 6-15,从表可知小黑麦单株干物质积累的关键时期是三叶期后第 9 天至第 23 天。在三叶期后第 9 天小黑麦单株干重进入旺盛生长期,第 36 天旺盛生长期结束。在第 23 天生长速率最快,最大生长速率为 0.107 4 g/d,最大累积量为 4.411 9 g。

表3　小黑麦单株干物质积累方程特征值

名称	符号	特征值
生长速率达到最大的时间	t_o	22.341 9
生长速率的最大值	v_m	0.107 4
进入旺盛生长期的时间	t_1	8.820 8
结束旺盛生长期的时间	t_2	35.863 0

四、小黑麦单株各营养器官干物质积累动态

根据小黑麦茎秆、穗干物质积累方程计算特征值,如表6-16,从表可知小黑麦单株茎秆干物质积累的关键时期是抽穗期后第7天至第26天。在抽穗期后第7天茎秆的干重进入旺盛生长期,第26天旺盛生长期结束。在第10天生长速率最快,最大生长速率为0.054 8 g/d,最大累积量为2.654 1 g。小黑麦单株穗干物质积累的关键时期是抽穗期后第15天至第24天。在抽穗期后第15天穗的干重进入旺盛生长期,第24天旺盛生长期结束。在第17天生长速率最快,最大生长速率为0.411 5 g/d,最大累积量为2.987 4 g。

表6-16　小黑麦单株茎秆、穗干物质积累方程特征值

器官	名称	符号	特征值
茎秆	生长速率达到最大的时间	t_o	9.702 2
	生长速率的最大值	v_m	0.054 8
	进入旺盛生长期的时间	t_1	6.241 6
	结束旺盛生长期的时间	t_2	25.646 0
穗	生长速率达到最大的时间	t_o	16.423 6
	生长速率的最大值	v_m	0.411 5
	进入旺盛生长期的时间	t_1	14.909 9
	结束旺盛生长期的时间	t_2	23.196 8

小黑麦籽粒、单株和单株不同器官叶片、叶鞘、茎秆、穗的干物质积累有很大差异,并且在此试验中叶片、叶鞘的干物质积累不符合Logistic模型,而小黑麦籽粒、单株、茎秆以及穗的干物质积累的回归方程的 F 测验差异达到了极显著水平,说明其回归方程真实存在,干物质积累呈现出慢—快—慢的增长规律。本研究表明,在开花后第1天小黑麦籽粒干重进入旺盛生长期,第9天旺盛生长期结束。在第4.59天生长速率最快,最大生长速率为0.135 7 g/d,最大累积量为1.506 7 g。在三叶期后第9天小黑麦单株干重进入旺

盛生长期,第 36 天旺盛生长期结束。在第 23 天生长速率最快,最大生长速率为 0.107 4 g/d,最大累积量为 4.411 9 g。在抽穗期后茎秆第 7 天小黑麦单株茎秆的干重进入旺盛生长期,第 26 天旺盛生长期结束。在第 10 天生长速率最快,最大生长速率为 0.054 8 g/d,最大累积量为 2.654 1 g。在抽穗期后第 15 天单株穗的干重进入旺盛生长期,第 24 天旺盛生长期结束。在第 17 天生长速率最快,最大生长速率为 0.411 5 g/d,最大累积量为 2 987.44 g。

第七章 小黑麦数量性状遗传分析

第一节 数量性状遗传研究基础

遗传学所分析的生物性状可以分为两大类,一类是质量性状(qualitative character),一般表现为不连续变异。质量性状主要受若干主基因控制,受环境影响较小。在杂种后代分离群体中,可以根据个体的性状表现把群体分成若干组。质量性状可用经典遗传分析的方法进行分析。在对质量性状进行研究时,常将群体中的表现型或基因型分类,采用群体遗传分析的方法估算不同基因型或基因的频率。另一类是数量性状(quantitative character),表现为连续变异。数量性状通常受许多微效基因控制,并同时受到环境因素较大的影响。在杂种后代分离群体中,个体性状表现的变异是由基因分离和环境效应随机影响的综合作用造成的。因而无法用经典遗传分析的方法对数量性状进行分组分析。只能采用统计分析的方法,对特定遗传群体的数量性状进行遗传分析,区分遗传变异和环境变异。这种遗传分析方法称为数量遗传分析方法。作物的育种性状有不同的表现形式,有些表现为有、无,存在、不存在,侵入、不侵入,黄、青、褐、黑等决然不同的分级,有些则表现为程度上、数量上的差别。相应的这些不同的性状测定的方法和数据的形式也自然不同。一般作物的育种性状属于质量性状还是数量性状与该性状本身的性质有关。麦类作物的产量、品质等重要的农艺性状大多为微效多基因控制的数量性状。这类性状的变异呈连续性分布,单个基因效应目前尚难以测定,而且易受环境条件的影响,干扰了育种家对优良基因型遗传变异与环境变异的正确鉴别,给育种工作者凭表现型进行选择带来很大困难。许多研究者试图以简单的遗传模型去解决遗传问题,大多效果不够理想。尽管如此,通过数量遗传学的原理和方法,应用统计软件,对这些微效基因效应(genetic effect)进行分析,计算性状的杂种优势(heterosis)、遗传力(heritability)、配合力(analysis of combining ability)、不同性状间的遗传相关(genetic correlation)和选择指数等,并根据这些遗传参数建立合理的数学模型,能给育种工作者提供更多的遗传信息,进而改善育种方法,提高选择效果,加速育种进程。

对数量性状遗传的深入研究具有重要意义,从实际方面来说作物的大多数性状(如成熟期、株高、千粒重等)都是数量性状,对作物品种的改良主要就是对这些性状的改良。小黑麦是由小麦和黑麦属间杂交,应用染色体加倍和染色体工程育种方法人工育成的一个新物种。国内外对小黑麦的研究主要集中在栽培技术、经济价值、饲用价值、加工品质、细胞遗传学、抗盐碱、抗干旱以及对某些金属元素胁迫反应等方面,这些研究成果大大地促进了小黑麦在世界范围的发展。有关小黑麦产量相关性状和饲草品质性状的深入研究,包括对这些性状的遗传效应、遗传力、遗传相关、杂种优势、配合力分析以及典型相关分析(analysis of canonical correlation)的报道很少,尤其对小黑麦饲草品质性状的遗传规律研究尚未见公开报道。小黑麦在我国的发展对解决我国粮饲问题发挥重要作用,因而对小黑麦数量性状遗传的了解,是有效地进行小黑麦育种的一个必要前提。对它更全面、更深入的研究将具有更大的理论意义和实践价值。

一、数量性状的遗传分析方法

数量性状的遗传分析方法很多,随着研究的深入,不断涌现出新的分析方法。自Fisher 于 1925 年提出方差分析方法以来,数量遗传学家运用方差分析的原理,已发展了许多实用的遗传模型。至今仍有不少遗传模型被遗传育种工作者广泛使用,比如北卡罗来纳设计Ⅰ和Ⅱ(NCⅠ和NCⅡ)、双列杂交遗传模型。方差分析统计方法的不断完善和线性模型在数量遗传分析中的运用,极大地推动了数量遗传学的发展。由于经典数量遗传分析的统计分析基础是 ANOVA 方法,因此存在一些固有的局限性,它不能无偏地分析有不规则缺失的非平衡数据,也无法分析具有生物学意义的复杂遗传模型。数量性状分析对方差分析法的依赖性已成为阻碍数量遗传进一步发展的制约因素。Hartley 和Rao(1967)首先提出应用最大似然法分析混合线性模型的非平衡数据。在分析混合线性模型的各种方法中,Rao(1971)提出的最小范数二阶无偏估算法(MINQUE)比最大似然法和限制性最大似然法等更简便和优越。MINQUE 法不需要进行迭代运算,对线性模型也没有正态分布的限定。20 世纪 70 年代初统计学家创立了一套崭新的统计分析方法——混合线性模型(Mixed linear model)分析方法,包括最大似然法、限制性最大似然法、最小范数二阶无偏估算法等。这些统计分析方法克服了方差分析法的局限性,不但可以无偏地分析有不规则缺失的非平衡数据,而且还能分析各种复杂的遗传模型。统计分析方法的突破极大地推动了数量遗传学科的新发展。Cockerham(1980)提出了广义遗传模型建模原理,为数量遗传学家建立各种复杂遗传模型奠定了理论基础。

作物产量、品质和抗逆性等重要的农艺性状大多为数量性状基因所控制。它们除了受简单的加性、显性效应控制以外,还可能受上位性效应、母体遗传效应以及遗传主效应与环境的互作效应等控制。但是传统的数量遗传分析方法(如世代均值和方差的分析、回归分析、方差分析等)尚不能有效地分析这些复杂的遗传现象。目前,数量性状的遗传分析方法中应用较多的是混合线性模型分析方法和广义遗传模型的建模原理。尤其是混合线性模型的统计分析方法,其所介绍的统计分析方法包括 ANOVA 法、ML 和 REML 法、MINQUE 法,但是侧重于 MINQUE 方法的阐述;详细地介绍了方差和协方差估算、遗传效应值预测的一些新的统计方法;可以同时分析固定效应和多项随机效应,已成为数量性状遗传的重要统计方法,为经典数量遗传分析提供了一些稳健的遗传模型和无偏的统计方法。在数量性状的遗传分析中,采用的遗传材料通常是取自某遗传群体的一组随机样本。人们感兴趣的主要是该遗传群体的遗传变异性。通过估算各项遗传方差分量,可以推断各项基因效应的变异性。在有些试验中,试验者不但需要估算方差分量,有时还希望能推断遗传模型中某些基因效应的值。遗传模型中的各项遗传效应通常是不可估计的,但是采用混合线性模型的一些分析方法,模型中的随机效应却是可预测的。

QGA Station 分析软件是基于混合线性模型分析方法的配套软件,它有以下几个特点:可以分析农艺性状、种子性状和发育性状等复杂遗传模型;可以分析非平衡数据;使用 Jackknife 的方法测试各个参数的显著性;分析结果输出文件中列出了一些重要的参考文献。该软件设计的研究领域很多,如农艺性状分析方法、动物性状分析方法、聚类分析方法、核心种质资源聚类分析方法、连锁图谱构建方法、QTL 数据分析方法、种子性状分析方法以及区域试验分析方法都可以利用此软件进行。其中农艺性状分析方法模型包括 A-Model 即加性遗传模型;加性显性-Model 即加性-显性遗传模型;加性显性-AA Mode 即加性-显性-上位性遗传模型;加性显性 M-Model 即加性-显性-母体效应遗传模型;加性显性 MP-Model 即加性-显性-母体效应-父体效应遗传模型;E-加性显性 Model 即加性-显性-随机环境效应遗传模型。进行统计分析时可以根据具体试验设计方法和目的而选择不同的模型。

二、数量性状遗传的主要研究内容

数量遗传学是一门研究生物数量性状变异的遗传规律的学科。因此对数量性状方差和协方差的估算和分析是数量遗传分析的基础。数量遗传学运用统计分析的方法,研究生物体所表现的变异(即表现型变异)中归因于遗传效应(genetic effect)和环境效应(environment effect)的分量(component),并进一步分解遗传变异中基因效应(gene effect)的变异分量以及环境变异中的分量。植物数量遗传的研究内容决定了它与众多的学科发生关系,主要的相关学科有:线性代数、生物统计学、遗传学、育种学、群体遗传学、分子生物学、生物进化科学、经济学、运筹学和计算机科学等等。对数量性状遗传规律的研究,大致可归纳为四个方面的主要内容:数量性状的数学模型和遗传参数估测、选择理论和方法、交配系统的遗传效应分析、育种规划理论。根据小黑麦数量性状遗传的研究现状,本书主要介绍以下几个方面的数量遗传的相关研究内容:

(一)基因效应

基因效应是数量遗传研究的主要内容之一,了解和分析控制某一性状遗传的基因作用方式,对决定改良该性状所采取的方法和途径,可以提供必要的信息。遗传效应是生物体内控制数量性状的各种基因效应相互作用的综合结果,因而遗传方差和遗传协方差是各种遗传变异分量的组成。数量遗传分析的一项重要任务就是采用统计方法分析特定的遗传群体,进一步将遗传方差和遗传协方差分解为归因于基因不同效应(例如加性效应、显性效应、上位性效应等)的遗传方差分量(genetic variance components)和遗传协方差分量(genetic covariance components)。控制某一性状遗传的基因作用方式可分为加性效应(A)和非加性效应以及它们与环境的互作。非加性效应又分为显性效应(D)和上位性效应(I),上位性效应又分解为加加(i)、加显(j)和显显(l)。由于数量性状是由许多基因控制的,所以对某一数量性状来说,其基因型效应值是由 A、D 和 I 共同提供的,用 M 表示中亲值,则一个基因型值就可以分解为 $G = M + A + D + I$。在遗传关系上,亲本基因效应中能稳定遗传给后代的只有加性效应部分,而显性效应和上位性效应只存在于特定的基因型组合中,不能稳定遗传。因此,从基因效应中剖分出这三种效应并加以定量分析是非常必要的。

(二)杂种优势

杂种优势是生物界的普遍现象,它是指杂合体在一种或多种性状上表现优于两个亲本的现象。杂种优势所涉及性状大都为数量性状,故必须以具体的数值来衡量和表明其优势表现的程度。数量遗传分析的一项重要任务是:通过估算性状的遗传方差分量及成对性状遗传协方差分量,了解性状的遗传规律。除此以外,还需要通过预测遗传效应值及亲本和杂交组合的基因型值,评价亲本育种价值和杂交组合的杂种优势。作物杂种优势利用是提高产量和品质的一项重要措施。杂种优势预测与遗传机理的研究一直备受关注。然而杂种优势是一种非常复杂的遗传现象,又受研究方法和手段的限制,20 世纪 90 年代前有关杂种优势分子生物学领域的研究进展异常缓慢,但是近年来,随着分子生物学技术的飞速发展,特别是 DNA 标记技术和基因差异表达分析技术的改进,杂种优势分子生物领域的研究也取得了相应的进步。杂种优势的遗传分析以往主要采用 Griffing 的配合力遗传模型,估算亲本的一般配合力及杂交组合的特殊配合力。但 Griffing 的方法只适用于亲本和 F_1 世代。对 F_2 杂种优势的研究,目前主要通过一些间接指标(如亲本的亲缘关系、因子距离、中亲值等)与 F_2 表现型值的相关性预测 F_2 的杂种优势,但是这些间接预测的效果并不理想。由于作物农艺性状受环境机误影响较大,F_2 表现型值并不一定能完全反映组合的基因型值。因而只有直接对组合的基因型值进行分析,才能排除环境机误的干扰。分析分离世代 F_2 的杂种优势表现,一般都需要种植 F_2 植株。由于 F_2 是分离世代,需要较大的群体,因而会增加遗传试验的费用和难度。对其他杂种后代的遗传研究则困难更大。如能由不分离世代(亲本和 F_1)直接预测 F_2 或其他杂种后代的基因型值,就可以提高试验效益,缩短试验年限。朱军教授(1993)提出了杂种优势分析的新方法,该方法以加性-显性遗传模型分析亲本和 F_1 的双列杂交遗传资料,从而无偏预测基因加性效应值和显性效应值,并进一步预测 F_1 和其他杂种后代基因型值及其杂种优势。

(三)遗传力

遗传力是数量遗传学的一个最基本参数,它是数量性状遗传的一个基本规律,是从数量性状表型世界进入遗传境界的钥匙,能够揭开蒙在数量性状表面的环境影响外衣,使研究者见到其遗传真面目。因此,遗传力在整个数量遗传学中起着十分重要的作用。遗传力是一个从群体角度反映表现型值替代基因型值可靠程度的遗传统计量,它表明了亲代群体变异能够传递到子代的程度,可以作为对杂种后代进行选择的一个指标。品种对环境的适应能力,即受环境因素的影响,又受遗传背景的影响。遗传力越大,表明该性状由环境引起的变异越小,对环境越不敏感。遗传力小,说明该性状表现型变异中环境作用较大,不容易传给后代。遗传变异方差占表现型变异方差的百分比为广义遗传力。由于遗传变异方差可以分解为可以固定遗传给后代的加性遗传方差和不能固定遗传给后代的非加性方差,将加性遗传方差占总表现型方差的百分比称为狭义遗传力。狭义遗传力越大,该性状越容易遗传给后代,选择的把握性也大。遗传力高的性状在杂种后代早期选择为宜,而遗传力低的性状在杂种后代晚期世代进行选择比较好,且以混合选择较好,有利于提高选择效率。

现已明确数量性状不仅受加性、显性效应的控制,还可能受上位性效应或母体遗传效应的控制。另外,基因的表达也在不同程度上受到环境因素的调控,而存在基因型×环境的互作效应。因此,为了适应遗传体系的复杂性和选择育种的实际需要,遗传率的概念也应作相应的修正。导致群体表现型发生变异的遗传原因主要有二部分:第一,遗传主效应产生的普通遗传变异,由遗传方差来度量;第二,基因型×环境的互作效应产生的互作遗传变异,由基因型×环境的互作方差来度量。因此,遗传率也可以分解为二个分量:普通遗传率和互作遗传率。这种分解适用于广义遗传率和狭义遗传率。广义遗传率的组成是普通广义遗传率,定义为遗传方差占表现型方差的比率;互作广义遗传率,是基因型×环境互作方差占表现型方差的比率。狭义遗传率的组成是普通狭义遗传率,定义为有累加性遗传效应的方差占表现型方差的比率;互作狭义遗传率,定义为有累加性的基因效应与环境效应互作的方差占表现型方差的比率。有累加性的遗传效应是可以被选择所固定的遗传效应,除了加性效应以外,还可根据遗传模型的不同,包括加性×加性的上位性效应、母体加性效应等。对于选择而言,普通狭义遗传率和互作狭义遗传率都是有效的。根据普通狭义遗传率而预测的选择效益适用于不同环境条件下的选择,有较为广泛的应用价值;而根据互作狭义遗传率预测的选择效果,只度量了在某一特定环境条件下的选择效益偏差。如果需要估计在某一环境下进行选择的总效益,应该采用总的狭义遗传率进行预测。在实际应用时,由于不可能测得遗传方差分量的真值,因而也不可能得到遗传率的参数值。但是通过设计遗传试验,采用数量遗传分析的方法,可以获得遗传率的无偏估计值。由于估算遗传方差分量的遗传模型和分析方法常不同,遗传率的估算方法也因此而不同。

植物种子性状如果同时受到直接遗传效应和母体遗传效应的影响,对植物种子基因型的选择和对母体基因型的选择都是有效的。因而遗传率的估算应同时考虑直接基因效应和母体基因效应,以及它们之间的相互关系。由于植物种子性状同时受到三套遗传体系(种子核基因、细胞质基因和母体核基因)的控制,而且这些遗传效应可能存在不同程度的环境互作效应,因此遗传率的计算较为复杂。遗传力的研究有很大意义,可以知道选择的群体某种性状遗传变异的潜力,性状变异传递给下一代的能力,从而提高选择对象的准确性,提高选择的效果。

（四）配合力

亲本的配合力并不是指其本身的表现,而是指与其他亲本结合后它在杂种世代中体现的相对作用。在杂种优势利用中,配合力常以杂种一代的产量表现作为度量的依据;在杂交育种中,则体现在杂种的各个世代,尤其是后期世代。配合力有一般与特殊之分,最早由 G.F.斯普拉格和 L.A.塔特姆提出。在育种工作中,配合力是杂交组合中亲本各性状配合能力的一个指标,它可以作为选配亲本的依据。配合力有两种类型,即一般配合力和特殊配合力。一般配合力是指某一个亲本(品种或自交系)在杂交后代中的平均表现,记作 GCA。特殊配合力是指某些特定的组合与其双亲平均表现的基础上的预期结果的偏差,记作 SCA。亲本间一般配合力差异的遗传基础为基因的加性效应及部分加性×加性的互作效应,是可以遗传的,主要用于评价亲本品种的优劣;特殊配合力差异的遗传基础为显性效应、与显性有关的互作效应以及部分加性×加性的互作效应,不能稳定遗传,主要用于评价杂交组合的好坏。实际上,一般配合力就是统计学上方差分析因子水平之主效应,而特殊配合力为因子水平之互作效应。这里的因子水平为品种(或品系),所以一般配合力是品种的一般效应,特殊配合力是品种间的互作效应。在杂种后期世代所体现的一般配合力差异,其遗传基础与早代相同,而特殊配合力差异则因显性及其有关的互作成分逐代降低,而主要为部分加性×加性互作效应。配合力的大小可用以评定一个亲本材料在杂种优势利用或杂交育种中的利用价值。

（五）遗传相关分析

生物体作为一个有机的整体,它所表现的各种性状之间必然存在着内在的联系,从数量遗传学这一角度,可以采用遗传相关来描述不同性状之间由于各种遗传原因造成的相关程度的大小。在生物体内部,大量存在着一因多效和基因的连锁现象,特别是一因多效现象,使得生物性状间常存在着不同程度的相关。在育种中,对一个性状的选择势必会影响到另一性状的表现。在某些特殊情况下要获得更好的育种效果,可以利用性状间的相关,同时由于性状间的相关,促使育种者在决定育种方案时必须全面和综合地考虑。因此了解性状间的相关显得极为重要。性状间的相关可以区分为表性相关和遗传相关。通常估算的表型相关,由于受到环境因素的干扰,不能真实反映性状间遗传引起的相关,不能反映两个性状在遗传本质上的联系。遗传相关的估计方法与遗传力估计方法类似,需要通过两类亲缘关系明确的个体的两个性状表型值间的关系来估计。可以通过用加性显性模型对表现型相关、基因型相关、加性相关和显性相关做进一步分析,从而明确两个性状间的真实关系。遗传相关作为一个基本的遗传参数,在数量遗传学中起着重要的作用,主要可以概括为三个方面:第一,间接选择。遗传相关可用于确定间接选择的依据和预测间接选择反应大小。所谓间接选择是指当一个性状(如 x)不能直接选择,或者直接选择效果很差时,借助与之相关的另一性状的选择,来达到对 x 选择的目的。第二,不同环境下的选择。遗传相关可用于比较不同环境条件下的选择效果。可以把不同环境条件下同一性状的不同表现作为两个性状,计算两个之间的遗传相关。如果相关高,则说明两种环境条件下的表现可认为是同一性状,由相同的基因控制;否则,如果相关很低,则说明控制两种环境条件下性状表现的主要基因已有所不同。在某一环境下表现优良的个体,在另一环境下不一定能保持其优势。第三,选择指数。遗传相关在选择指数理论中具有重要的作用,这是遗传相关最主要的用途。

第二节 小黑麦数量性状遗传的研究进展

小黑麦是由小麦、黑麦杂交和杂种染色体加倍而来,它的遗传组成不仅有小麦的ABD 染色体组而且还有黑麦的 R 染色体组,因而遗传基础比较丰富和复杂。小黑麦有不同的倍性和类型,目前生产上应用的有八倍体小黑麦、六倍体小黑麦和代换性小黑麦。小黑麦不仅保持了小麦的产量性状,如穗粒多、小花多、粒重,而且结合了黑麦的抗病性、抗逆性强和赖氨酸含量高等,同时还由于小麦和黑麦的性状互补而出现超过双亲的新性状,如小麦的小穗多花但小穗数少,而黑麦小穗数多而小花少,小黑麦却不但保持了小麦的小花多的性状,而且结合了黑麦的小穗数多的性状出现了穗大粒多的情况,其穗粒数不但超过了小麦而且也超过了黑麦。此外,小黑麦在叶片大小、叶量、根系生长量以及在营养品质上,也都显著地超过了双亲。我国小黑麦育种实践表明,对于一些简单遗传的质量性状和主效基因控制的性状,利用常规的杂交育种改进效果明显。但是对有关产量的多基因的数量性状和与不利基因连锁的性状,通过常规育种改进的难度就较大,育种周期就很长。因此,对小黑麦数量性状的遗传规律进行研究显得尤为重要,小黑麦数量性状的遗传分析可以为小黑麦育种及其相关科研活动提供理论依据和参考。因此,国内外研究者在小黑麦数量性状的遗传方面均取得了一定的收获。

一、基因效应分析

张彩霞等(2005)用具提莫菲维小麦细胞质的六倍体小黑麦的 3 个不育系和 3 个恢复系作为亲本,进行 3×3 不完全双列杂交,所组配的 F_1 各性状均受基因加性效应和非加性效应共同作用。张玉清等(1997)采用 6 个小黑麦品种为母本和 5 个小黑麦稳定的品系杂交,用不完全双列杂交法配成 30 个组合,对杂交后代籽粒蛋白质含量的性状进行遗传变异组成和遗传力等参数的估算,表明籽粒蛋白质的遗传变异组成中,均以基因加性效应占绝对优势。张玉清(1995)采用 6 个小麦类型的桥梁品种和 5 个小黑麦稳定的品系杂交。用不完全双列杂交法配成 30 个组合。试验结果表明:籽粒蛋白质性状的遗传变异组成中,均以基因加性效应占绝对优势。张玉清等(1986)用 6 个蛋白质含量不同的小黑麦品系和 5 个小黑麦的品种作不完全双列杂交试验,结果表明小黑麦的蛋白质和赖氨酸的含量是受加性和显性效应共同控制的。张桂英(1988)试验对两个六倍体小黑麦杂交组合的亲本 P_1、P_2,杂种后代 F_1、F_2,回交后代 B_1($P_1 \times F_1$)和 B_2($P_2 \times F_1$)进行了估价。每个组合中,适合于加性基因效应的均方值对所有性状都是显著的,而适合于显性基因效应的均方值只对组合 I 的株高、粒数、百粒重及产量和组合 II 的抽穗期、百粒重是显著的。在组合的中,除产量外,其他性状的加性均方值都大于显性均方值。然而,值得注意的是,显性基因效应的估值会因二向显性的正负值的抵销而受到影响。由加性-显性模式离差而得的均方值显著,表明了组合 I 和组合 II 的株高、小穗数及百粒重和组合 I 中的抽穗期及产量有上位性基因效应,由于其他性状的离均差数值接近于显著,所以它们的上位基因效应不能忽视。

二、杂种优势遗传

樊存虎等(2009)利用普通小麦品种与普通小麦品种或六倍体小黑麦品种配置了 16 个杂交组合,研究表明普通小麦品种间杂交,由于大多数农艺性状为数量性状,杂种 F_1 没有显、隐性之别,表现为超亲遗传或介于双亲之间,只有无芒表现为典型的显性性状(F_1 为顶芒可看作无芒),所以在鉴别真假杂种时,除了芒的有无可以作为一个典型性状之外,还必须以父母本为对照仔细辨别分析各个农艺性状,去除假杂种,为分离世代选择打好基础。普通小麦与六倍体小黑麦杂交,杂种 F_1 表现了小黑麦特有的灰绿色叶片或茎秆以及红色不饱满的籽粒性状;其次杂种 F_1 育性表现也是鉴别真假杂种的一个典型性状。另外普通小麦品种间杂交,杂种 F_1 代的植株高度与穗粒重等产量性状呈负相关,且对产量的作用也产生负效应。研究还发现不论普通小麦品种的杂种 F_1 还是与六倍体小黑麦的杂种 F_1 的株高都表现为高于或低于双亲或介于双亲之间,在 F_2 代都要发生分离,所以 F_1 代的株高对于选育优良单株并没有直接的影响。相关和通径分析表明,单穗粒数与单穗粒重关系密切,且对单穗产量的直接作用最大,所以 F_1 应保留大穗的单株去除小穗的劣株。张彩霞等(2005)用具提莫菲维小麦细胞质的六倍体小黑麦的 3 个不育系和 3 个恢复系为亲本,进行 3×3 不完全双列杂交,对所组配的 F_1 代 8 个农艺性状(抽穗期、开花期、株高、有效穗数穗长、结实率、单株粒重、千粒重)的杂种优势分析结果表明,杂种 F_1 代的抽穗期和开花期具倾早遗传特点,千粒重具有一定的正向超亲优势,表现优于其亲本,因此早代就可以对此 3 个性状进行选择。其余性状均无超亲优势,但除株高外,其他性状均出现了正向超亲优势组合且组合间的差异达到了显著水平,因此选育超亲组合仍有可能。向平(2005)2001～2002 年生长季节在德国的 6 种环境条件下评价了由化学杂交剂生产的 290 个 F_1 杂种及其 57 个母本和 5 个测验种。结果表明：产量的平均中亲值杂种优势为 10.3，变幅为 -11.4~22.4。产量的超优杂种优势的平均值为 5.0，变幅为 -16.8~17.4。千粒重、穗粒数、容重和株高的中亲值杂种优势也为正值，但是单位平方米穗数和蛋白质含量的中亲值杂种优势为负值。齐志广等（2003）研究发现普通小麦{[（A）京引 39A×75-3369]A2×806}A7×7269-10 和小黑麦杂交后代中的 24 个株系中，在有效分蘖、抗麦叶蜂的危害、生育期、株高、穗粒数和千粒重等方面均有较大幅度的变异，而且在抗虫性、有效分蘖、株高和千粒重等方面还表现了超双亲的变异，这些变异的株系增加了普通小麦常规育种的遗传资源，有利于进行新品系的选育，是一套具有筛选价值的远缘杂交后代株系。其中，对于抗虫性表现较好的株系有京小 1、7、13 和京小 6、14、15、16、22、23 等株系，这些株系对麦叶蜂的感虫株率低于 5%。在有效分蘖的变异上，京小 5、2、10、8、7、11、4、1、9、16、3、17、19 等株系的有效分蘖都在 6 个以上，表现出较高的分蘖成穗率，其中京小 5 和 2 的有效分蘖达到了 9 个以上，还表现出了超亲的变异。在生育期上，京小 1 和 6 也表现了超亲的早熟变异，比双亲提早成熟 4~5 d。此外，在株高上，京小 10、6、16 表现了超亲的矮秆变异，株高在单粒点播情况下低于 50 cm；而且杂交后代的 24 个株系的株高都显著低于亲本小黑麦。在穗粒数的变异上，24 个株系没有表现超亲的变异，但京小 6、3、23 和京小 13 等的穗粒数都比较高，在 40 粒以上。而且京小 14、4、19、2 的穗粒数也同穗粒数较高的亲本 25 之间没有显著差异，为穗粒数较高的一个变异群体。在千粒重上，除京小 1 和 15 的千粒重略高于亲本 25 外，其他大部分株系的千粒重都偏低，介于双亲之间；有些株系还表现了比千粒重较低亲本的超亲变异。利用现有特异性状品系与普通小麦杂交进一步丰富小麦的遗传背景，在此基础上通过细胞遗传学和分子遗传学研究将相关优良性状定位在染色体上将具有更为重要的意义。据孙元枢等（2002）报道第五届国际小黑麦会议上小黑麦杂种优势利用目前已不限于杂种优势的研究，已进入制种方法和制种技术上的应用研究。在六倍体小黑麦 CMS—核质不育系的恢复系上又发现了位于黑麦染色体 4R 和 6R 上的 RFC3 和 RFC4 两个恢复基因，这对小黑麦核质不育杂种优势的利用非常有利。2001/2002 年的产量试验表明，小黑麦杂种一般比亲本增产 10%~15%。据孙元枢等（1999）报道杂种优势是第四届国际小黑麦会议上的一个热门议题，德、法、波等许多国家进行了深入研究。他们得出籽粒产量超过亲本 9.5%，生物学产量超过 9.1%，茎叶产量超过 9%，千粒重超过 11.4%，穗重超过 12.5%，而单粒穗数比亲本低 2.6%，粒数低 2.1%，因而总的优势提高，其中代换系 2D/2R×完全型小黑麦优势为 10.7%，而完全型×完全型优势为 8.6%，说明代换系与完全型小黑麦之间优势可用于生产。张玉清等（1997）采用 6 个小黑麦品种为母本和 5 个小黑麦稳定的品系杂交，用不完全双列杂交法配成 30 个组合，对杂交后代籽粒蛋白质含量的性状进行遗传变异组成和遗传力等参数的估算，籽粒蛋白质含量具有超亲现象，是多基因互补，遗传因子互作和蛋白质含量的基因型与环境互作的结果。张玉清（1995）试验结果表明籽粒蛋白质含量具有超亲现象，是多基因互补，遗传因子互作的结果。岳平等（1993）利用冬春四倍体硬粒小麦、冬春六倍体普通小麦、冬春六倍体小黑麦基春性八倍体小黑麦分别进行双列杂交,不同倍性材料在株高、每穗粒数、单株穗数、百粒重、生物产量、经济产量、收获指数以及氮收获指数上的杂种优势分析结果表明:春性六倍体小黑麦在收获指数及氮收获指数上表现较高的正向优势,其他性状优势表现相对较低,但不同组合间差异较大。冬性六倍体小黑麦以经济产量具有较高的优势幅度,但生物产量的优势都不明显。产量因素中每穗粒数优势最大,收获指数表现较强的优势,而氮收获指数优势较小。从杂种优势及变化幅度来看春性八倍体小黑麦各性状优势均不强,多数性状优势表现为负。李集临等(1988)以八倍体小黑麦为母本六倍体黑麦为父本配制 37 个组合,以六倍体小黑麦为母本八倍体小黑麦为父本配制 24 个组合。以改进八倍体小黑麦与六倍体小黑麦的经济性状为目的,对 60 个杂文组合 F_1 的田间出苗率、结实率、杂种后代的性状分离、新类型的形成以及细胞遗传的若干问题进行了探讨,观察到 F_1 田间出苗率、结实率以八倍体为母本的杂交组合显著好于以六倍体为母本的杂交组合。由于杂种是普通小麦、硬粒小麦、黑麦三个物种种质的再度组合,后代分离复杂,出现一些新性状,选择的概率大。分析几个以八倍体小黑麦为母本的稳定品系,看到农艺性状、种子饱满度较六倍体小黑麦有较大的改进,用 Giemsa C 带技术对 22 个稳定的六倍体小黑麦类型的染色体构成进行分析,其中 17 个 R 组齐全,4 个缺 2R,1 个缺 2R、3R、4R,说明八倍体小黑麦与六倍体小黑麦杂交,R 组染色体是有变化的,有的被 D 组染色体代换。张桂英(1986)试验对两个六倍体小黑麦杂交组合的亲本 P_1、P_2,杂种后代 F_1、F_2,回交后代 B_1($P_1 \times F_1$)和 B_2($P_2 \times F_1$)进行了估价。组合 I 为 UC8825×TL11C,组合 II 为 Beagle×6T—70。方差分析表明,两组合的所有被测性状在世代之间均有显著差异。亲本 UC 8825 除粒重外,其他所有性状表现均优于 TL116 亲本。Beagle 抽穗晚,但单株分蘖数、每穗小穗数、每穗粒数和百粒重均高于亲本 6T—70,两个组合的 F_1 代的抽穗期、每穗小穗数、穗粒数、百粒重及在组合 I 中的株高和籽粒产量都明显偏离优良亲本。F_1 代所表现出来的杂种优势大致可以表明上述性状在一定程度上是属于显性的。然而,在两个杂交组合中,F_1 代分蘖数的平均值大约等于亲本的中间值,这说明非加性遗传基因效应在该性状遗传表达上的价值是很小的。总的说来,组合 I 的杂种优势高于组合 II。值得注意的是,在组合 I 和组合 II 中的株高、百粒重和产量以及组合 I 中的每穗小穗数从 F_1 代到 F_2 代的平均值一直是下降的。

三、遗传力分析

张玉清(1995)试验结果表明籽粒蛋白质含量总的遗传力看出子代有 71.78%,是由亲代传递而来。从 P_{1i}(小麦)组亲本遗传力看出,子代蛋白质含量有 7.93% 是由亲代(母本-小麦)传递下来的。从 P_{2j}(黑麦)组亲本遗传力看出子代蛋白质含量有 30.62% 是由亲代(父本-黑麦)传递于子代,传递力不如母本。安兴东等(1995)研究表明株高、穗长、千粒重、结实小穗数、穗粒数都是遗传力高,遗传变异系数较小的数量性状,是构成生物学量的主要农艺性状,各性状遗传力的大小顺序是株高、穗长、千粒重、结实小穗数、穗粒数、单株粒重、经济系数。各性状相对遗传进度的大小顺序为株高、穗长、结实小穗数、单株粒重、穗粒数、千粒重、经济系数。黄菊茂等（1983）利用八倍体小黑麦杂交高代材料，八倍体、六倍体小黑麦与普通小麦的杂交选系，八倍体和六倍体的杂交品系。考查了株高、单株穗数、主穗长度、主穗小穗数、主穗粒数、主穗重量、主穗面积、剑叶面积、小区苗数等九个性状。研究结果表明遗传力大小依次为穗长、千粒重、剑叶面积、主穗粒重、小穗数、穗面积、主穗粒数、株高、单株穗数、小区产量。

四、配合力分析

张彩霞等（2005）用具提莫菲维小麦细胞质的六倍体小黑麦的 3 个不育系和 3 个恢复系作为亲本，进行 3×3 不完全双列杂交，对 8 个农艺性状的 GCA 效应与 SCA 效应的分析，以及在此基础上对亲本和杂交组合的综合评价表明，不育系 A_1、A_2 及恢复系 R_1、R_2 多数性状的 GCA 效应值高，用它们配置的组合 $A_1\times R_1$、$A_2\times R_1$、$A_2\times R_2$ 多数性状的 SCA 效应也较高，且杂种优势较强，因此，A_1、A_2 和 R_1、R_2 是较好的亲本；A_3 的 GCA 效应较低，但与 R_2 组配的组合 $A_3\times R_2$ 的 SCA 效应值高，也有较强的杂种优势，可能是两亲本优势互补的结果，因此 A_3 具有一定的价值，可进一步研究利用。在所有的组合中，$A_3\times R_3$ 综合表现最差，说明两个 GCA 效应都低的亲本，很难配置出强优势组合。向平（2005）2001～2002 年生长季节在德国的 6 种环境条件下评价了由化学杂交剂生产的 290 个冬性小黑麦 F_1 杂种及其 57 个母本和 5 个测验种。结果表明除籽粒产量和蛋白质含量外，全部性状的 GCA 方差比 SCA 方差更重要。对大多数性状而言，分别相对于 GCA 方差和 SCA 方差来讲，GCA×地点和 SCA×地点互作方差都较小。

五、遗传相关分析

向平（2005）2001～2002 年生长季节在德国的 6 种环境条件下评价了由化学杂交剂生产的 290 个 F_1 杂种及其 57 个母本和 5 个测验种。结果表明中亲值与杂种表现间的遗传相关和 GCA 效应与品系自身表现间的遗传相关具有相似的趋势，籽粒产量和蛋白质含量的属中等，而其他性状的都较高。安兴东等（1995）对各性状的相关分析结果表明株高、穗长、穗粒数、千粒重、结实小穗数与单株粒重的遗传相关、表型相关和环境相关均呈极显著正相关，另外，株高、穗长、穗粒数、千粒重（与穗长遗传相关不显著）、结实小穗数相互间都呈极显著正相关。通径分析结果表明穗长和穗粒数对单株粒重具有较大的遗传直接正效应，结实小穗数和经济系数表现为较大的遗传直接负效应，株高和千粒重表现为较小的遗传直接负效应。而各性状对单株粒重的间接效应为穗长通过株高、穗粒数、结实小穗数，穗粒数通过株高、穗长、千粒重、结实小穗数表现为较大的正效应，结实小穗数通过株高、穗长、穗粒数、千粒重表现为较大的负效应。黄菊茂等（1983）研究结果表明株高和小穗数的 GCV（遗传变异系数）最小，剑叶面积的 GCV 最大，GCV 和 PCV

（表型变异系数）的变化非常一致。产量和千粒重、主穗粒重、株高的遗传相关能达到极显著标准。相对遗传进度依大小的排列是剑叶面积、穗长、千粒重、单株穗数、主穗粒数、穗部面积、主穗重、小区产量、株高和小穗数。由千粒重、主穗粒数、单株穗数和剑叶面积构成的选择指数具有最高的选择效率，可比直接选择提高 21.8％。

六、其他方面

周小鹭等（2007）利用八倍体小黑麦与六倍体小黑麦杂交观察到 F_1 田间出苗率、结实率以八倍体为母体的杂交组合好于以六倍体为母本的杂交组合，由于杂种是普通小麦、硬粒小麦、黑麦 3 个物种种质的再度组合，后代分离复杂，出现一些新性状，选择的概率大。使用八倍体小黑麦与小麦杂交，很适合于选育小麦—黑麦易位系的工作。与六倍体小黑麦×普通小麦相比，它的易位发生在部分同源染色体之间的比率较高，同时它的遗传背景较为简单，仅 R 染色体组以单倍形式存在。在八倍体小黑麦×普通小麦杂交后代中，易位染色体往往伴随着小麦染色体的丢失而出现。这将为黑麦优良性状导入到普通小麦或将普通小麦优良性状导入八倍体小黑麦中提供了良好的遗传基础。利用八倍体小黑麦与普通小麦杂交后代可以出现亲本类型八倍体小黑麦、普通小麦、普通小麦附加黑麦染色体异附加系和代换系，对改进八倍体小黑麦的株高、熟期、结实率、籽粒饱满度有一定的效果，也可以选育抗病，耐旱较亲本增产的普通小麦新品种。程治军等（1999）选综合性状好，籽粒饱满、株高 110～120 cm 的八倍体小黑麦选系 Y1005、H％92、H10200、小黑麦 120 号、小黑麦 122 号等做母本，用引自英国剑桥植物育种研究所的带有 Rht12 基因的普通小麦 Bezostayal 和 Mereia（在北京株高分别为 48 cm 和 42 cm）做父本杂交。用杂种 F_1 及回交各代 F_1 的半矮秆株做父本与八倍体小黑麦连续回交，得 BC_1F_1、BC_2F_1、BC_3F_1。为增加遗传背景对 Rht12 基因的修饰，我们选用不同的八倍体小黑麦选系做轮回亲本，以提高矮秆八倍体小黑麦遗传背景的异质性。研究结果表明，在普通小麦背景下，当矮秆基因型纯合时，其降秆强度为 50.1％，由于含 Rht12 矮秆基因的植株过矮，加之晚熟（平均晚熟 6 d 左右），矮株籽粒饱满度严重下降，减产达 67％，Rht12 在普通小麦矮化育种中很难应用。在 BC_2F_1 代，Rht12rht12 单株的株高变幅为 46～94 cm，变异系数为 15.64％，Rht12 在八倍体小黑麦遗传背景下的降秆能力削弱。这都预示着八倍体小黑麦遗传背景中存在着对 Rht12 的修饰基因，通过矮秆主基因和高秆修饰基因的适当组合，完全有可能选出株高 85 cm 左右的矮秆八倍体小黑麦单株来。孙元枢等（1992）将雄性核不育小黑麦在育种上利用的研究发现：饱满度在小黑麦育种中是一个难题。过去曾做过数千个杂交组合并进行了长期系统选育，但都未达到理想结果。利用 Tal 雄显性核不育基因导入八倍体小黑麦进行轮回选择，期望通过广泛的重组打破饱满度连锁的不利基因和积累有利的数量性状基因。在较高饱满度的基础上综合其他优良性状，如早熟、矮秆、抗病和丰产等。初步结果表明，轮选的饱满度提高得比系选快。这虽然可能与轮回亲本的组群有关，但毕竟群体的平均值已达到和超过亲本的平均值，表明轮选是提高小黑麦饱满度的一个有效途径。由于轮回选择只进行二轮,今后还有待继续进行深入研究。在核不育八倍体与六倍体小黑麦的杂交和回交中,随着回交次数增加,不育株的比例逐渐降低,这是与 D 染色体组的消失有关。但在某些组合中仍保持 1∶1 的比例,说明 4D 染色体仍未丢失或者可能发生代换和易位,因此在六倍体小黑麦轮回选择中,必须选用六倍体小黑麦不育系,或者在杂交后代的不育株保持或接近一半的组合中进行。从我们的工作中可能选出新的六倍体小黑麦不育系,为小黑麦六、八倍体杂交开辟一个新领域。贲一新(1986)关于小黑麦遗传物质构成和小黑麦育性的关系研究表明在胚乳和胚的染色体数之比偏离 1.5 时,比值偏高的 F_1 比偏低的结实率高。在杂交低代群体中,结实率在 2 粒/小穗以上的植株中,多数(64.3%)是整倍体。在六倍体小黑麦中,无论是 2D 取代 2R 类型还是 R 组齐全类型,结实率差不多,都能选出优良的小黑麦品种。在小黑麦中,黑麦染色体端部异染色质有丢失的趋势,端部异染色质含量和小黑麦结实率没有直接关系,但和小黑麦细胞学稳定性正相关。

第三节　小黑麦产量相关性状遗传分析

小黑麦是在人类生产实践中提出的,在总结了普通小麦自然演变和进化的基础上,应用多倍体育种和染色体工程方法人工创造的第一个新物种,与黑麦和小麦相比,不但保持了小麦的丰产性和优良的种子品质,而且还结合了黑麦的抗病性和抗逆性强、赖氨酸和蛋白质含量高等特点,具有杂种生长优势,越来越受到世界各国的重视。通过育种工作者的多年努力,现代小黑麦,尤其是六倍体小黑麦的结实率和饱满度都已经发生了极大的变化,许多小黑麦的结实率已与普通小麦不相上下,因此研究小黑麦产量及产量相关性状的遗传规律将成为小黑麦育种工作者在科学研究中急需的理论基础。

王瑞清等(2007)选用 6 个产量性状有明显差异的春性饲用六倍体小黑麦品种 P_1(新小黑麦 5 号),P_2(新小黑麦 1 号),P_3(04 草鉴 3),P_4(新小黑麦 3 号),P_5(新小黑麦 4 号)和 P_6(H03-7)采用完全双列杂交(6 个亲本,15 个组合,无反交)试验。田间试验是在石河子大学农学试验站进行,前茬为油葵绿肥。2005 年 5 月配置了杂交组合,得到了 15 个杂交组合的 F_1,同年 7 月,对 F_1 种子进行春化和去休眠处理,在智能温室种植亲本和 F_1,两行区,行长 1.5 m,三次重复,人工点播,行距 20 cm,粒距 5 cm,成熟后收获亲本及 F_2 的种子。2006 年 3 月田间种植,采取随机区组设计,3 次重复,种植 6 个亲本、15 个组合的 F_1 及 F_2,共 36 个材料,每个材料种一个小区,总计 108 个小区。每小区种两行,行长为 1.5 m,行距为 20 cm,单粒点播,株距 5 cm。四周设置保护行。在成熟期,每个小区选取有代表性的 5 个植株,室内考种。考种项目包括:单株产量、株高、穗下节、单株有效穗数、每穗粒数、穗长和千粒重等。

数据资料通过模型检验后对符合加性—显性遗传模型农艺性状的分析参照加性—显性遗传模型及分析方法进行,采用 QGA Station 分析软件估算各个性状的遗传方差分量,估算成对性状间的基因型相关系数,表现型相关系数及各项遗传相关系数。采用调整无偏预测(AUP)法估算各项统计量的标准误,然后检验各个遗传参数的差异显著性,以上各项运算均在 PC 机上进行。

一、小黑麦产量相关性状的方差分析

对 6 个亲本和 15 个组合的 7 个产量性状进行方差分析(表 7-1),只有单株穗数的方差分析结果表明差异不显著,其他 6 个性状的差异均达到了极显著水平,在此基础上对差异显著的 6 个性状可以做进一步分析。

表 7-1　产量相关性状的方差分析

性状	均方			F
	区组	处理	机误	
单株产量	149.704 9	143.903 2	18.759 8	7.670 8**
单株穗数	1.469 8	1.743 17	1.053 9	1.653 9
每穗粒数	425.514 8	1 181.632 0	132.531 0	8.915 9**
千粒重	109.179 2	138.142 2	19.028 9	7.259 6**
株高	972.152 4	2 155.922 0	38.633 3	55.804 7**
穗下节间长	52.923 8	806.601 0	26.387 3	30.567 8**
穗长	3.438 09	6.283 8	1.320 64	4.758 2**

注:"**"表示 0.01 水平差异达到了显著水平。

二、小黑麦产量相关性状的基因效应分析

(一)小黑麦产量相关性状的遗传方差

用加性显性模型将 15 个组合的 6 个产量相关性状的遗传方差进行分析,结果列于表 7-2。由表 7-2 看出产量相关性状的遗传除穗长外其他性状主要受加性效应和显性效应共同控制。千粒重和穗下节间长的遗传由加性效应和显性效应共同控制,加性方差和显性方差占总方差的 91.65% 和 98.87%,株高主要由加性效应控制,加性方差占总方差的 84.66%,而单株产量和每穗粒数除加性方差和显性方差显著外,机误方差也达到极显著水平,表明这两个性状遗传除由加性效应和显性效应控制外,可能受上位性效应和环境效应控制,穗长的遗传除显性效应外,也可能有上位性效应和环境效应影响。

表 7-2　产量相关性状的遗传方差分量比率估计值

方差组成	单株产量	每穗粒数	千粒重	株高	穗下节间长	穗长
加性 V_A	1.695 7**	55.509 7**	3.348 4**	106.284 0**	45.254 9**	0.000 0
显性 V_D	4.535 8**	22.660 7**	5.388 8**	19.252 7**	31.763 7**	0.878 2**
机误 V_E	1.127 2**	51.678 5**	0.795 0	0.176 3	0.878 2**	1.046 9**
V_A/V_P	0.230 4**	0.427 5**	0.351 2**	0.846 6**	0.580 9**	0.000 0
V_D/V_P	0.616 3**	0.174 5**	0.565 3**	0.153 4**	0.407 8**	0.456 2**
V_E/V_P	0.153 2**	0.398 0**	0.083 4	0.001 4	0.011 3	0.543 8**

注："＊＊"表示 0.01 水平差异达到了显著水平。

(二)小黑麦产量相关性状的加性效应与显性效应

由于加性、显性效应是小黑麦产量相关性状的主要遗传效应,因此有必要进一步分析其遗传效应值的表现,从而可以推断亲本和杂种后代的遗传表现。表 7-3 列出了 6 个参试亲本产量相关性状的加性效应(A_i)和显性效应(D_{ii})的预测值。由表 7-3 可见,在各性状的加性效应中,新小黑麦 5 号、新小黑麦 1 号、新小黑麦 3 号、新小黑麦 4 号的单株产量达到正的显著或极显著水平,因此它们的杂种后代中较易获得单株产量较高的遗传材料,其余 2 个亲本的单株产量均为负极显著或不显著水平,表明不宜作为提高单株产量的杂交亲本。新小黑麦 5 号和新小黑麦 1 号的每穗粒数达到正的极显著水平,因此它们的杂种后代中较易获得每穗粒数较高的遗传材料,其余 4 个亲本的每穗粒数加性遗传效应值均为负极显著或不显著,表明不宜作为提高每穗粒数的杂交亲本。新小黑麦 5 号、新小黑麦 3 号、新小黑麦 4 号的千粒重达到正的显著或极显著水平,因此它们的杂种后代中较易获得千粒重较高的遗传材料,其余 3 个亲本的千粒重均为负极显著或负显著水平,表明不宜作为提高千粒重的杂交亲本。新小黑麦 3 号、新小黑麦 4 号、H03-7 的株高和穗下节间长达到正的极显著水平,因此它们的杂种后代中较易获得株高较高、穗下节间长较长的遗传材料,其余 3 个亲本株高和穗下节间长的加性遗传效应值均为负极显著、负显著或不显著水平,表明不宜作为提高株高和穗下节间长的杂交亲本。另外,在 6 个亲本 6 个性状的显性效应中,除了新小黑麦 4 号外,其他亲本的大部分预测值均为负值,预示这些亲本杂种后代的对应性状将有较大的自交衰退现象。

表 7-3　各亲本产量相关性状的加性效应(A_i)和显性效应(D_{ii})预测值

亲本	遗传效应	单株产量	每穗粒数	千粒重	株高	穗下节间长	穗长
新小黑麦 5 号	A_i	0.909 5**	4.531 8**	1.605 4**	−9.945 6**	−6.230 2**	0.000 0
	D_{ii}	−4.571 7**	−6.710 0**	−2.103 3*	−10.496**	−2.179 5*	−0.595 1*
新小黑麦 1 号	A_i	1.190 0*	8.182 7**	−1.189 9**	−7.634 1**	−5.656 6**	0.000 0
	D_{ii}	−3.126 9**	−3.883 7*	−4.105 7**	−8.670 2**	−1.520 1*	−0.392 3*
04 草鉴 3	A_i	−1.264 8**	−5.268 0**	−1.403 7**	−0.083 4	1.088 6*	0.000 0
	D_{ii}	−2.448 1**	−3.138 8	−4.168 4**	−3.970 3	−0.409 2	−0.054 3

亲本	遗传效应	单株产量	每穗粒数	千粒重	株高	穗下节间长	穗长
新小黑麦 3 号	A_i	2.573 6**	−4.192 2**	0.721 4*	4.904 1**	3.936 2**	0.000 0
	D_{ii}	−1.666 1*	−7.420 9**	−1.694 1	−3.277 9*	−0.373 6	−0.152 6
新小黑麦 4 号	A_i	3.001 7**	−1.053 8	1.095 6*	7.616 4**	4.456 4**	0.000 0
	D_{ii}	2.485 9*	1.020 7	−4.268 2**	1.459 2	0.367 8	−0.000 2
H03-7	A_i	−0.259 3	−2.200 5	−0.828 7*	5.142 7**	2.405 6**	0.000 0
	D_{ii}	−1.033 4	−1.757 9	−2.174 2	−5.257 2**	−0.846 0	0.003 8

注:"*"表示 0.05 水平差异达到了显著水平,"**"表示 0.01 水平差异达到了显著水平。

三、小黑麦产量相关性状的遗传力分析

由表 7-4 表明,不同产量相关性状的遗传力有很大的差异。6 个性状的狭义遗传力的大小顺序是穗下节间长＞株高＞每穗粒数＞千粒重＞单株产量＞穗长。株高、穗下节间长的狭义遗传力和广义遗传力分别为 68.26%、80.62% 和 80.96%、82.33%,表明这些性状的遗传力较高,环境影响相对较小,在低世代选择的把握性相对较大。每穗粒数和千粒重的狭义遗传力和广义遗传力次之,分别为 42.75%、60.2% 和 24.74%、64.57%,也可以在低、中世代进行选择。而穗长的狭义遗传力为 0%,广义遗传力为 13.04%,单株产量的狭义遗传力和广义遗传力分别为 11.81% 和 43.39%,说明直接对穗长和单株产量进行选择效果不佳,表型方差中加性方差较小,在低世代不容易从表现型识别其真实基因型,选择的把握性较小。

表 7-4 产量相关性状的遗传力

遗传力	单株产量	每穗粒数	千粒重	株高	穗下节间长	穗长
狭义遗传力	0.118 1**	0.427 5**	0.247 4**	0.682 6**	0.809 6**	0.000 0
广义遗传力	0.433 9**	0.602 0**	0.645 7**	0.806 2**	0.823 3**	0.130 4**

注:"*"表示 0.05 水平差异达到了显著水平,"**"表示 0.01 水平差异达到了显著水平。

四、小黑麦产量相关性状的杂种优势分析

用加性显性模型将 15 个组合 6 个产量相关性状的群体平均优势(H_{pm})、群体超亲优势(H_{pb})进行分析,结果见表 7-5。从表 7-5 可以看出,小黑麦杂交组合的大多数产量相关性状都具有明显的杂种优势。15 个小黑麦杂交组合的 F_1 产量相关性状的群体平均优势中除每穗粒数外,其他 5 个性状的预测值都达到了极显著水平,说明单株产量、千粒重、株高具有显著的正向平均优势。群体平均优势最强的性状是单株产量(0.243 2**),居于 6 个性状之首,强优势组合的平均优势达 47.1%。其次是千粒重和株高,它们的强

优势组合的群体平均优势分别为 15.51％和 14.45％。穗下节间长、穗长和每穗粒数的平均优势相对较弱。从表 7-5 还可以看出,15 个小黑麦杂交组合的 F_1 产量相关性状的群体超亲优势也以单株产量、千粒重、株高表现最高,群体超亲优势分别为 18.61％、14.55％、23.68％,其差异达到了极显著水平,强优势组合的平均优势分别达 40.28％、20.64％、24.85％。穗下节间长具有弱的群体超亲优势。

表 7-5 产量相关性状杂种优势的平均遗传表现(范围)

性状	$H_{pm}(F_1)$	$H_{pm}(F_2)$	$H_{pb}(F_1)$	$H_{pb}(F_2)$	n
单株产量	0.243 2**	0.121 6**	0.186 1*	0.064 5*	2.065 9**
	(0.040 9～0.471 0)	(0.020 4～0.235 5)	(−0.075 6～0.402 8)	(−0.096 0～0.167 3)	(0.000 0～3.400 9)
每穗粒数	0.073 3	0.036 6	−0.019 8	0.056 4**	0.486 9*
	(−0.051 3～0.213 9)	(−0.025 6～0.106 9)	(−0.166 8～0.093 7)	(−0.177 2～0.029 7)	(0.000 0～1.464 6)
千粒重	0.085 8**	0.042 9**	0.145 5**	0.092 6**	0.877 9*
	(0.041 4～0.155 1)	(0.020 7～0.077 5)	(0.004 2～0.206 4)	(0.039 7～0.103 2)	(0.184 4～1.923 2)
株高	0.062 6**	0.031 3**	0.236 8**	0.068 1**	0.988 3*
	(0.011 4～0.144 5)	(0.005 7～0.072 2)	(0.170 6～0.248 5)	(0.020 9～0.189 8)	(0.000 0～1.145 3)
穗下节间长	0.018 8*	0.009 4*	0.080 1**	0.089 5*	0.996 8*
	(−0.002 1～0.047 4)	(−0.001 0～0.023 7)	(0.013 2～0.100 8)	(0.046 5～0.099 8)	(0.000 0～1.200 3)
穗长	0.020 8*	0.010 4*	0.010 1	−0.000 3	0.309 6*
	(−0.037 8～0.092 2)	(−0.018 9～0.046 0)	(−0.043 7～0.069 6)	(−0.024 7～0.025 7)	(0.000 0～1.346 2)

注:"*"表示 0.05 水平差异达到了显著水平,"**"表示 0.01 水平差异达到了显著水平;H_{pm} 为群体平均优势、H_{pb} 为群体超亲优势,n 为杂种优势延续世代数。

小黑麦 15 个杂交组合的 F_2 产量相关性状的群体平均优势以单株产量表现最高,为 12.16％,差异达到了极显著水平,强优势组合的群体平均优势为 23.55％。千粒重、株高、穗下节间长和穗长的 F_2 平均优势虽然差异达到了显著水平,但相对较小。每穗粒数的 F_2 平均优势差异不显著。F_2 代产量相关性状的群体超亲优势以单株产量、千粒重、株高、穗下节间长表现较高,分别为 6.45％、9.26％、6.81％、8.95％,其中强优势组合的超亲优势分别达 16.73％、10.32％、18.98％、9.98％。每穗粒数的 F_2 代的群体超亲优势较弱。株高、穗下节间长只在 F_1 代有明显超亲优势。从表 7-5 结果还可以显示,小黑麦产量相关性状 F_2 代群体平均优势仅比 F_1 代降低 50％左右,强优势组合 F_2 代仍有较强的产量杂种优势可以利用。6 个性状杂种优势表现的预计世代数均达极显著水平。单株产量平均世代数为 2.065 9(0.000 0～3.400 9),预计优势可延续到 2～3 代,即 F_3 代仍可利用,千粒重的强组合杂种优势也可以到 F_2 代。本研究中 1×4、1×5、1×6、2×5 是单株产量的强优势组合,杂种优势可延续到 F_3 代。

五、小黑麦产量相关性状的遗传相关分析

小黑麦产量是各个因素多方面综合作用的结果,产量构成因素及相关因素对产量的

影响相对较大。小黑麦 15 个组合 6 个产量相关性状的加性、显性、表现型、基因型相关系数的分析结果列于表 7-6。单株产量与每穗粒数、千粒重有极显著正相关,表型相关系数分别为 0.698 7、0.509 5,基因型相关系数分别为 0.877 7、0.574 3。单株产量与穗下节间长存在极显著负相关,表型相关系数为 −0.175 9,基因型相关系数为 −0.434 0。每穗粒数与株高、穗下节间长间的表型相关和基因型相关都表现为极显著负相关,表型相关系数分别为 −0.273 7、−0.419 1,基因型相关系数分别为 −0.542 9、−0.706 5。千粒重与株高、株高与穗长、穗下节间长与穗长间表现型相关达到了显著或极显著正相关,株高与穗下节间长的表型相关和基因型相关都表现为极显著正相关。表型相关和基因型相关虽然在一定程度上可以说明性状间的相关趋势,但对选择和育种最有用的是加性遗传相关。产量相关性状的加性相关和显性相关表明,单株产量与每穗粒数有极显著加性和显性正相关,加性相关系数分别为 1.000 0,显性相关系数分别为 0.779 5。单株产量与株高、穗下节间长的加性相关表现为极显著负相关,显性相关表现为极显著正相关,单株产量与千粒重、穗长的显性相关表现为极显著负相关。每穗粒数与株高、穗下节间长都表现为极显著加性负相关,每穗粒数与千粒重、株高、穗下节间长、穗长都表现为极显著显性正相关。在加性相关和显性相关中,千粒重与多数性状的显性相关比加性相关明显,与株高、穗下节间长、穗长的显性相关都达到了显著或极显著水平。

表 7-6 产量相关性状的遗传相关系数

性状	单株产量	每穗粒数	千粒重	株高	穗下节间长	穗长
单株产量		1.000 0**	0.068 4	−1.000 0**	−1.000 0**	0.000 0
		0.779 5**	0.890 1**	0.988 1**	1.000 0**	1.000 0**
每穗粒数	0.698 7**		0.014 8	−0.910 3**	−0.958 1**	0.000 0
	0.877 7**		0.352 2**	0.772 5**	1.000 0**	0.942 5**
千粒重	0.509 5**	0.172 2		−0.089 5	−0.008 4	0.000 0
	0.574 3**	0.156 6		0.712 9**	0.770 6**	0.593 0*
株高	0.010 3	−0.273 7**	0.240 1**		0.992 3**	0.000 0
	−0.220 2	−0.542 9**	0.168 3		1.000 0**	1.000 0**
穗下节间长	−0.175 9**	−0.419 1**	0.163 8	0.925 5**		0.000 0
	−0.434 0**	−0.706 5**	0.072 8	0.979 9**		1.000 0**
穗长	0.185 1	0.199 1*	−0.004 3	0.154 2*	0.126 5*	
	0.830 2*	0.441 6	−0.065 0	0.407 3	0.208 3	

注:左下角上行为表现型相关系数(r_P),下行为基因型相关系数(r_G),右上角上行为加性相关系数(r_A)、下行为显性相关系数(r_D)。"*"、"**"分别表示达到 0.05、0.01 概率显著水平。

六、小黑麦产量相关性状的配合力分析

(一)配合力方差

产量相关性状配合力方差分析结果表明(表 7-7),各性状的一般配合力(GCA)方差均达到了极显著水平,特殊配合力(SCA)方差除穗下节间长不显著外,其他性状的特殊配合力方差均达到了极显著水平。GCA 与 SCA 之间的均方之比是衡量各效应相对重要性的指标,计算各性状的 GCA/SCA 均方之比为(1.226 0~58.317 6):1,由此可见,产量相关性状在杂种后代表现主要由基因加性效应决定。

表 7-7　产量相关性状的配合力方差分析

性状	机误	一般配合力		特殊配合力		GCA/SCA
		MS	F	MS	F	
单株产量	1.250 7	14.392 1	11.507 6**	7.994 0	6.391 9**	1.800 4
每穗粒数	8.835 4	231.737 6	26.228 3**	27.788 1	3.145 1**	8.339 4
千粒重	1.268 6	18.160 3	14.315 5**	6.225 9	4.907 7**	2.916 9
株高	2.575 6	507.256 7	196.950 4**	22.552 0	8.756 1**	22.492 8
穗下节间长	1.759 2	204.570 0	116.288 9**	3.507 9	1.994 1	58.317 6
穗长	0.088 0	0.497 3	5.648 8**	0.392 8	4.461 3**	1.226 0

注:"*"表示 0.05 水平差异达到了显著水平,"**"表示 0.01 水平差异达到了显著水平。

(二)一般配合力效应

一般配合力是对基因加性效应的度量,某个亲本某个性状一般配合力效应值大,表明亲本的加性基因效应高,某性状向后代传递的能力强,易于稳定遗传和固定。表 7-8 结果表明同一性状不同亲本,同一亲本不同产量相关性状间一般配合力效应值存在明显差异。新小黑麦 5 号的单株产量、每穗粒数、千粒重的一般配合力效应值显著高于其他亲本,而株高和穗下节间长的一般配合力效应值显著低于其他亲本,因此新小黑麦 5 号是相对较好的产量育种亲本。新小黑麦 1 号的每穗粒数、穗长的一般配合力效应值均居于6 个亲本之首,因此它是用于提高每穗粒数,增加穗长的首选亲本。

表 7-8　各亲本产量相关性状的一般配合力效应值

亲本	单株产量		每穗粒数		千粒重		株高		穗下节间长		穗长	
	效应值	0.05	效应值	0.05	效应值	0.05	效应值	0.05	效应值	0.05	效应值	0.05
P_1	1.741 8	a	4.040 3	b	1.856 4	a	−11.000	d	−6.308 3	c	−0.341 7	d
P_2	1.620 6	a	8.807 4	a	−1.704 9	c	−9.025	c	−6.566 7	c	0.358 3	a
P_3	−1.415 9	b	−5.200 8	d	−1.451 1	c	1.833 3	b	1.733 3	b	0.166 7	ab
P_4	−0.854 5	b	−4.261 8	cd	1.434 5	ab	5.383 3	a	3.908 3	a	0.066 7	abc
P_5	−0.503 0	b	−1.702 7	c	0.574 7	b	6.075 0	a	4.116 7	a	−0.091 7	bcd
P_6	−0.589 0	b	−1.682 4	c	−0.709 5	c	6.733 3	a	3.116 7	a	−0.158 3	cd

(三)特殊配合力效应

特殊配合力与一般配合力之间没有明显对应关系,双亲的一般配合力高,由它们配制组合的特殊配合力不一定就高,因此在杂交育种实践中,在重视亲本一般配合力的基础上,还应该重视组合的特殊配合力和 F_1 的具体表现。表 7-9 表明,同一产量相关性状不同组合的特殊配合力效应值差异很大。如单株产量的特殊配合力效应值变幅在 $-1.1697 \sim 5.5185$ 之间,正向效应的有 9 个组合,1×3 组合的效应值最高,3×6 组合的效应值最低。每穗粒数的特殊配合力效应值变幅在 $-5.0298 \sim 9.1135$ 之间,正向效应的有 9 个组合,1×3 组合的效应值最高,3×6 组合的效应值最低。千粒重的特殊配合力效应值变幅在 $-1.531 \sim 3.2672$ 之间,正向效应的有 13 个组合,3×5 组合的效应值最高,5×6 组合的效应值最低。株高的特殊配合力效应值变幅在 $-2.5095 \sim 9.3821$ 之间,正向效应的有 9 个组合,1×6 组合的效应值最高,3×5 组合的效应值最低。穗下节间长的特殊配合力效应值变幅在 $-1.6440 \sim 4.1726$ 之间,正向效应的有 7 个组合,1×6 组合的效应值最高,4×5 组合的效应值最低。穗长的特殊配合力效应值变幅在 $-0.6702 \sim 0.9381$ 之间,正向效应的有 9 个组合,1×6 组合的效应值最高,4×5 组合的效应值最低。即使在同一组合中,因性状不同而特殊配合力效应值也有较大差异,从配制的 15 个组合来看,1×6、2×5 组合的特殊配合力效应值在所有性状上均表现为正向效应,而且效应值较高,可以成为提高籽粒产量和饲草产量都相对较好的组合。

表 7-9　F_1 不同组合产量相关性状的特殊配合力效应值

杂交组合	单株产量	每穗粒数	千粒重	株高	穗下节间长	穗长
1×2	2.482 0	5.574 6	0.979 4	−0.117 9	−0.477 4	0.554 8
1×3	5.518 5	9.113 5	1.016 8	2.890 5	−0.110 7	−0.253 6
1×4	0.015 3	4.169 2	−1.234 8	3.540 5	2.181 0	0.313 1
1×5	0.210 7	−4.943 9	2.877 1	−0.476 2	−0.560 7	0.338 1
1×6	3.293 9	1.441 6	0.953 3	9.382 1	4.172 6	0.938 1
2×3	−0.216 7	−2.683 7	1.013 5	1.982 1	−0.719 0	−0.286 9
2×4	1.018 9	7.948 7	0.696 6	1.698 8	1.106 0	0.813 1
2×5	3.571 3	1.422 9	2.632 4	3.882 1	2.231 0	0.304 8
2×6	−0.409 3	−1.301 4	1.359 3	5.007 1	0.431 0	0.238 1
3×4	0.971 5	1.088 9	0.710 7	3.307 1	2.006 0	0.871 4
3×5	−0.049 2	−1.639 5	3.267 2	−2.509 5	−0.002 4	0.363 1
3×6	−1.169 7	−5.029 8	0.648 7	0.615 5	0.331 0	−0.236 9
4×5	0.596 8	−3.577 8	1.510 2	−0.259 5	−1.644 0	−0.670 2
4×6	−0.819 3	1.987 2	1.591 2	−0.601 2	−0.644 0	−0.603 6
5×6	−0.263 5	2.400 1	−1.531 0	−2.084 5	−0.052 4	−0.111 9

注:1×2 表示亲本 1,2 的杂交组合,其他类推,1.新小黑麦 5 号,2.新小黑麦 1 号,3.04 草鉴 3,4.新小黑麦 3 号,5.新小黑麦 4 号和 6.H03-7。

第四节　小黑麦饲草品质性状遗传分析

小黑麦是小麦与黑麦杂交的后代,其外形酷似小麦,因受黑麦基因的影响,表现出一些与小麦不相似的特性。小黑麦是一种人、畜兼用的冬、春季作物,茎秆可作为青饲料、青贮饲料和干饲料,籽粒可供人、畜食用,可以加工成面粉,制成面包、饼干等食品,也可用来酿造啤酒等;作为精饲料可以用来饲喂猪、牛、羊等动物。小黑麦可根据其不同的使用类型大致分为粮用型、饲用型、粮饲兼用型和其他型/大类。粮用型小黑麦多为异源六倍体,它的籽粒中蛋白质和灰分含量均高于小麦,但纤维素、脂类、容重等则小于或与小麦相当。其籽粒优质的理化特性使得以其加工而成的面粉烤制的各类食品有着特殊的食味和口感,且营养价值高,深受消费者的青睐,有着良好的市场前景和可观的经济效益。饲用型小黑麦多为异源八倍体,它的突出特点为生物学产量高,包括籽粒产量和秸秆产量,使得其作为饲料或饲草使用很方便且效率高。粮饲兼用型小黑麦包括六倍体与八倍体的杂交种以及一些粮用型品种。小黑麦的其他类型被广泛用于酿酒等行业。这种类型的小黑麦中,有些品种经发芽后,其麦芽中含有活性很高的淀粉酶和蛋白水解酶,在啤酒、白酒和各种饮料的加工生产中可以减少大麦芽的使用量,酿出的啤酒口感纯正、色泽清雅,经鉴定各种理化指标均优于小麦、大麦、黑麦等的酿制产品。在欧洲和我国黑龙江、天津等地都有产品投放市场。

一、饲用小黑麦的应用前景

饲用小黑麦通过不同倍性杂交和染色体重组,再对繁茂性和营养品质等饲用性状进行定向轮回选择培育而成的。首先由加拿大育种工作者于 1970 年育成罗斯纳六倍体小黑麦,随后的几十年内,全世界育种工作者先后培育了 500 多个品系,广泛适应于世界各地的栽培气候条件。中国农业科学院作物所培育的中饲 1890、中饲 237、中新 830、中饲 828 和中新 1881 等新品种,是目前国内生产上通过国家和有关省、市审定,具有自主知识产权的专用饲料小黑麦品种,适合在我国黄淮海、西北和东北地区种植,也适于江南利用冬闲田种植。

近年来我国人口膳食结构发生了变化:其一,从消费粮食为主过渡到消费较高比例的肉、蛋、奶等动物蛋白食物;其二,在对动物蛋白的消费过程中以消费猪、禽肉为主逐步过渡到消费更有益于健康的牛、羊肉为主。这种趋势导致了我国现在与未来人均口粮需求量的不断减少而相应的人均饲料粮的成倍增加。鉴于此,国家对种植业结构做出了重大调整,即从传统的粮食作物-经济作物的二元结构转向粮-经-饲料作物的三元结构。饲料作物包括绿色饲料、精饲料、秸秆饲料,其中又以绿色饲料最为重要。绿色饲料是指所有以绿色植物青绿茎、叶为基本组分饲料。我国饲料资源现状中存在明显的"三缺一不足"、饲料营养不平衡的严重问题,这些问题的解决都将依靠大力发展绿色饲料产业来逐步解决。在我国的饲草生产中,农区绿色饲料生产以其抗逆性强、高产、速生、优质、高效的特征占有较大的优势。其中,利用冬闲田在农区大力发展和有效利用各种优质的牧草种质资源的工作已逐步开展并已取得显著的社会效益和可观的经济效益。目前正在使用的各种牧草品种中,小黑麦以其优良的丰产性、抗逆性、高品质、广泛的适应性、较高的饲料转化率,类型多、用途广等特征,在我国饲草业中占有重要的地位。小黑麦草产量高,饲草营养品质好,且加工利用形式多样。在冬春枯草季节可多次刈割青饲直接饲喂牛、羊或加工优质草粉;灌浆期收割可制作优质青贮;半籽期收割可晒制优质干饲草;成熟期收获籽粒可粮用或作为精料。饲草产品可根据市场需求随时进行调整,生产风险小。研究表明在北京地区小黑麦生产中,如晒制干草可在扬花期后 10 d 收割、晒制 3 d 为宜,此时干草水分含量适宜,干草产量也最高,比扬花期收割增产干草量 33%,且随着收割日期推迟,饲草粗蛋白虽然有所降低,但由于干草单位面积产量大幅增加,饲草粗蛋白和粗脂肪的单位面积产量显著增加,使饲草综合饲用价值和总经济效益显著提高。

国内外对饲草的需求量近年来急剧上升,高产、优质的饲草供不应求。目前,我国 90% 以上的草原已经或正在退化,其中中度退化程度以上的草原达 1.3 亿 hm^2,并且每年以 200 万 hm^2 的速度递增,远远高于草原建设的速度。目前我国 90% 的畜牧业产品来自农村,例如以畜牧业著称的内蒙古自治区,畜牧业总产值中农区畜牧业占 70%,纯牧区的畜牧业仅占 30%,农区仍然是我国畜牧业的重点。因此,开展适于农区生产的牧草品种的选育、栽培工作就十分必要。小黑麦品质优良、适应范围广,在我国农区饲草生产中正日益做出突出的贡献。

国内外对小黑麦的研究集中在生物学特性、栽培技术措施、轮作体系、适宜播期、施肥技术、刈割方法与技术等方面,因此对小黑麦饲草品质性状的遗传规律进行分析将具有更大的理论意义和实践价值。

二、小黑麦饲草品质性状的方差分析

王瑞清(2009)选用 6 个饲草品质性状有明显差异的小黑麦品种 P_1(新小黑麦 5 号),P_2(新小黑麦 1 号),P_3(04 草鉴 3),P_4(新小黑麦 3 号),P_5(新小黑麦 4 号)和 P_6(H03-7)采用完全双列杂交(6 个亲本,15 个组合,无反交)试验。田间试验是在石河子大学农学试验站进行,前茬为油葵绿肥。2005 年 5 月配置了杂交组合,得到了 15 个杂交组合的 F_1,同年 7 月,对 F_1 种子进行春化和去休眠处理,在智能温室种植亲本和 F_1,两行区,行长 1.5 m,三次重复,人工点播,行距 20 cm,粒距 5 cm,成熟后收获亲本及 F_2 的种子。2006 年 3 月田间种植,采取随机区组设计,3 次重复,种植 6 个亲本、15 个组合的 F_1 及 F_2,共 36 个材料,每个材料种一个小区,总计 108 个小区。每小区种两行,行长为 1.5 m,行距为 20 cm,单粒点播,株距 5 cm。四周设置保护行。从扬花 7 d 开始,每个小区选取有代表性的 5 个植株,烘干、粉碎、过筛,制成干样,测定粗蛋白、粗脂肪、粗灰分、粗纤维、水分和无氮浸出物。

(一)饲草品质性状的测定方法

在扬花期后 10 d,每个小区选取有代表性的 5 个植株,在石河子大学农学院试验站田间实验室进行杀青(105℃烘 30 min)、烘干(80℃烘至恒重)、称重,制成干样粉碎、过筛(40 目)、混合均匀,进行饲草品质性状测定。测定项目包括粗蛋白、粗脂肪、粗纤维、粗灰分和无氮浸出物。室内测定主要在石河子大学动物科技学院饲草品质性状分析开放实验室和石河子大学农学院作物遗传育种实验室进行。

1.粗蛋白的测定方法

用 GB/T6432—94 饲料中粗蛋白的测定方法,用半微量凯氏定氮装置进行测定。

计算公式:粗蛋白(%)= $(V_2-V_1) \times N \times 0.014 \times 6.25 \times 100/(W \times V'/V)$

式中:V_2—滴定试样时所需盐酸标准溶液体积,mL;

V_1—滴定空白时所需盐酸标准溶液体积,mL;

N—盐酸标准溶液当量浓度;

W—试样质量,g;

V—试样分解液总体积,mL;

V'—试样分解液蒸馏用体积,mL;

0.014—氮的毫克当量数;

6.25—氮换算成蛋白质的平均系数。

2.粗脂肪的测定方法

利用 GB/T6433—94 饲料中粗脂肪的测定方法,采用索氏脂肪提取器进行测定。

计算公式:粗脂肪(%)= $(m_2-m_1) \times 100/m$

式中:m—风干试样质量,g;

m_1—已恒重的盛醚瓶质量,g;

m_2—已恒重的浸提后盛醚瓶质量,g。

3.粗纤维的测定方法

利用 GB/T6434—94 饲料中粗纤维的测定方法,将试样用一定容量和一定浓度的预热硫酸和氢氧化钠溶液煮沸消化一定时间,再用乙醇和乙醚除去醚溶物,经高温灼烧扣除矿物质的剩余物为粗纤维。

计算公式:粗纤维(%)= $(W_1-W_2) \times 100/W$

式中:W_1—130℃烘干后坩埚及试样残渣质量,g;

W_2—550℃灼烧后坩埚及试样灰分质量,g;

W—试样质量,g。

4.粗灰分的测定方法

利用 GB/T6438—94 饲料中粗灰分的测定方法,将样品炭化后在马弗炉内 550℃高温灼烧 3 h,剩余的残渣即为粗灰分。

计算公式:粗灰分(%)=$(W_2-W_0)\times100/(W_1-W_0)$

式中:W_0——恒重后空坩埚重量,g;

W_1——坩埚加样品重量,g;

W_2——灰化后坩埚及灰分重量,g。

5.含水量的测定方法

用干燥箱(烘箱)干燥测定法。将风干试样置于(105 ± 2)℃烘箱中干燥 1 h,冷却后,样品的失重即为含水量。

6.无氮浸出物的测定方法

无氮浸出物(%)=1-含水量(%)-粗蛋白(%)-粗脂肪(%)-粗纤维(%)-粗灰分(%)

(二)数据分析方法

数据资料通过模型检验后对符合加性—显性遗传模型农艺性状的分析参照加性—显性遗传模型及分析方法进行,采用 QGA Station 分析软件估算各个性状的遗传方差分量,估算成对性状间的基因型相关系数,表现型相关系数及各项遗传相关系数。采用调整无偏预测(AUP)法估算各项统计量的标准误,然后检验各个遗传参数的差异显著性,以上各项运算均在 PC 机上进行。

对 6 个亲本和 15 个组合的 5 个饲草品质性状进行方差分析(表7-10),5 个性状的差异均达到了极显著水平,在此基础上可以做进一步分析。

表 7-10 饲草品质性状的方差分析

性状	均方			F
	区组	处理	机误	
粗蛋白	1.819 7	10.945 2	0.389 5	28.095 6**
粗灰分	0.581 8	3.904 3	0.064 8	60.226 6**
粗脂肪	5.405 1	18.918 8	0.083 2	227.498 8**
粗纤维	0.650 7	287.818 1	0.141 1	2 039.679 0**
无氮浸出物	1.938 3	434.859 6	0.305 9	1 421.191 0**

注:"＊＊"表示 0.01 水平差异达到了显著水平。

三、小黑麦饲草品质性状的基因效应分析

(一)小黑麦饲草品质性状的遗传方差

用加性显性模型将小黑麦 15 个组合 5 个饲草品质性状的遗传方差进行分析,结果列于表 7-11。由表 7-11 可见,小黑麦饲草品质性状的遗传不同性状有不同的遗传规律。粗蛋白的加性、显性和机误方差都达到了显著水平,因此它的遗传不但受加性效应和显

性效应控制,而且还可能受上位性效应和环境效应的控制。粗脂肪和无氮浸出物的遗传主要受显性效应控制,显性方差所占的比例分别为 88.88% 和 88.14%,机误方差都达到了显著水平,还可能受上位性效应和环境效应的控制。粗灰分的遗传受加性效应和显性效应共同控制,加性方差和显性方差占总方差的 97.90%,而粗纤维的遗传主要受显性效应控制,显性方差所占的比例为 99.98%。

表 7-11　饲草品质性状的遗传方差分量比率估计值

方差组成	粗蛋白	粗灰分	粗脂肪	粗纤维	无氮浸出物
加性 V_A	0.400 2**	0.172 1**	0.000 0	0.000 0	0.000 0
显性 V_D	0.893 2**	0.136 0**	2.604 2**	33.848 5**	52.504 9**
机误 V_E	1.599 7**	0.006 6	0.325 9**	0.005 0	7.067 8**
V_A/V_p	0.138 3**	0.546 8**	0.000 0	0.000 0	0.000 0
V_D/V_p	0.308 7**	0.432 2**	0.888 8**	0.999 8**	0.881 4**
V_E/V_p	0.552 9**	0.020 9	0.111 2**	0.000 2	0.118 6**

注:"＊＊"表示 0.01 水平差异达到了显著水平。

(二)小黑麦饲草品质性状的加性效应和显性效应

由于加性、显性效应是小黑麦饲草品质性状的主要遗传效应,因此有必要进一步分析其遗传效应值的表现,从而可以推断亲本和杂种后代的遗传表现。表 7-12 列出了六个参试亲本饲草品质性状的加性效应(A_i)和显性效应(D_{ii})的预测值。由表 7-12 可见,在各性状的加性效应中,新小黑麦 5 号、新小黑麦 1 号、新小黑麦 3 号的粗蛋白的加性效应达到正的显著或极显著水平,因此它们的杂种后代中较易获得粗蛋白较高的遗传材料,其余 3 个亲本的粗蛋白均为不显著或负显著加性遗传效应值,表明不宜作为提高粗蛋白的杂交亲本。新小黑麦 5 号、新小黑麦 1 号的粗灰分的加性效应达到正的极显著水平,因此它们的杂种后代中较易获得粗灰分较高的遗传材料,其余 4 个亲本的粗灰分均为负极显著或不显著的加性遗传效应值,表明不宜作为提高粗灰分的杂交亲本。6 个亲本的粗脂肪、粗纤维和无氮浸出物的加性效应均为零。另外,在 6 个亲本 5 个性状的显性效应中,有一半以上的预测值达到了负的极显著水平,预示这些亲本杂种后代的对应性状将有较大的自交衰退现象,但无氮浸出物的显性效应在 6 个亲本上均表现为正的极显著,几乎不存在自交衰退现象。

表7-12　各亲本饲草品质性状的加性效应（A_i）和显性效应（D_{ii}）预测值

亲本	遗传效应	粗蛋白	粗灰分	粗脂肪	粗纤维	无氮浸出物
新小黑麦5号	A_i	0.816 7**	0.441 5**	0.000 0	0.000 0	0.000 0
	D_{ii}	1.739 3**	−0.076 5	−2.927 6**	−10.165 3**	11.293 3**
新小黑麦1号	A_i	0.203 3**	0.253 4**	0.000 0	0.000 0	0.000 0
	D_{ii}	0.164 3	−0.102 6	−2.062 8**	−5.071 2**	7.037 4**
04草鉴3	A_i	−0.272 2	−0.165 1	0.000 0	0.000 0	0.000 0
	D_{ii}	−1.253 2**	−0.539 3	−2.510 2**	−6.480 5**	11.202 9**
新小黑麦3号	A_i	0.344 9*	−0.357 6*	0.000 0	0.000 0	0.000 0
	D_{ii}	0.309 3	0.003 5	−2.781 3**	−8.923 0**	11.360 6**
新小黑麦4号	A_i	0.106 7	−0.109 9	0.000 0	0.000 0	0.000 0
	D_{ii}	−0.395 9	−0.218 8	−2.367 2**	−11.936 1**	15.227 9**
H03-7	A_i	−0.296 3*	−0.062 4	0.000 0	0.000 0	0.000 0
	D_{ii}	0.573 0*	0.511 8*	−1.798 7**	−6.449 7**	6.678 2**

注："*"表示0.05水平差异达到了显著水平，"**"表示0.01水平差异达到了显著水平。

四、小黑麦饲草品质性状的遗传力分析

由表7-13表明，不同饲草品质性状的广义遗传力虽然达到极显著水平，5个性状有3个性状的狭义遗传力为零，其余2个的狭义遗传力大小顺序是粗灰分＞粗蛋白。在所测饲草品质性状中，粗蛋白、粗灰分的狭义遗传力和广义遗传力相对其他性状较高，分别为13.83％、44.71％和25.51％、45.66％，可以考虑中代选择；粗脂肪、粗纤维、无氮浸出物的狭义遗传力为零，而广义遗传力相对较高，说明直接对它们进行选择效果不佳，在低世代不容易从表现型识别其真实基因型，选择的把握性较小。

表7-13　饲草品质性状的遗传力

遗传力	粗蛋白	粗灰分	粗脂肪	粗纤维	无氮浸出物
狭义遗传力	0.138 3**	0.255 1**	0.000 0	0.000 0	0.000 0
广义遗传力	0.447 1**	0.456 6**	0.888 8**	0.853 6**	0.881 4**

注："**"表示0.01水平差异达到了显著水平。

五、小黑麦饲草品质性状的杂种优势分析

用加性显性模型将小黑麦15个组合5个饲草品质性状的群体平均优势（H_{pm}）、群体超亲优势（H_{pb}）进行分析，结果列于表7-14。表7-14表明：15个小黑麦杂交组合F₁饲草

品质性状的群体平均优势中,粗脂肪、粗纤维的预测值都达到了极显著水平,分别为33.63％、24.94％,其强优势组合的群体平均优势分别为47.16％、41.09％。粗蛋白和粗灰分的平均优势弱,粗蛋白的平均优势预测值为负值,粗灰分的平均优势的预测值为正值,都没有达到显著水平,而无氮浸出物的具有显著负向平均优势。从表7-14还可以看出,15个小黑麦杂交组合F₁饲草品质性状的群体超亲优势也以粗脂肪、粗纤维表现最高,群体超亲优势分别为30.99％、21.46％,其差异达到了极显著水平,其强优势组合分别达46.45％、39.16％。粗蛋白、粗灰分和无氮浸出物具有负向超亲优势,其差异达到了极显著水平,但粗蛋白的强优势组合正向优势达15.24％。

表 7-14　饲草品质性状杂种优势的平均遗传表现(范围)

性状	$H_{pm}(F_1)$	$H_{pm}(F_2)$	$H_{pb}(F_1)$	$H_{pb}(F_2)$	n
粗蛋白	−0.021 4	−0.010 7	−0.101 6**	−0.090 9**	0.252 8**
	(−0.162 7～0.200 4)	(−0.081 4～0.100 2)	(−0.291 1～0.152 4)	(−0.249 8～0.052 2)	(0.000 0～2.031 9)
粗灰分	0.012 3	0.006 2	−0.040 1**	−0.046 3**	0.166 2**
	(−0.140 3～0.082 8)	(−0.070 1～0.041 4)	(−0.167 2～0.046 2)	(−0.118 0～0.009 6)	(0.000 0～0.926 9)
粗脂肪	0.336 3**	0.168 1**	0.309 9**	0.141 7**	3.141 9**
	(0.258 5～0.471 6)	(0.129 2～0.235 8)	(0.230 1～0.464 5)	(0.100 9～0.228 5)	(2.683 4～4.040 9)
粗纤维	0.249 4**	0.124 7**	0.214 6**	0.089 9**	2.529 3**
	(0.119 0～0.410 9)	(0.059 5～0.205 6)	(0.103 6～0.391 6)	(0.016 6～0.186 2)	(1.551 2～3.567 9)
无氮浸出物	−0.860 7**	−0.430 4**	−0.970 0**	−0.539 6**	0.000 0
	(−1.255 0～0.000 0)	(−0.627 5～0.000 0)	(−1.370 6～0.000 0)	(−0.743 1～0.000 0)	(0.000 0～0.000 0)

注:"＊＊"表示0.01水平差异达到了显著水平;H_{pm}为群体平均优势、H_{pb}为群体超亲优势、n为杂种优势延续世代数。

小黑麦15个杂交组合F₂饲草品质性状的群体平均优势以粗脂肪、粗纤维表现最高,分别为16.81％、12.47％,差异达到了极显著水平,强优势组合为23.58％、20.56％。粗蛋白和粗灰分的F₂平均优势差异不显著,无氮浸出物在F₂代具有极显著的负向平均优势。F₂代饲草品质性状的群体超亲优势仍然以粗脂肪、粗纤维表现最高,分别为14.17％、8.99％,其中强优势组合的超亲优势分别达22.85％、18.62％。粗蛋白、粗灰分和无氮浸出物具有负向超亲优势,其差异达到了极显著水平。从表7-14结果还可以显示,小黑麦饲草品质性状F₂代杂种优势仅比F₁代降低50％左右。5个性状杂种优势预测世代数除无氮浸出物外,其他4个性状均达极显著水平。粗脂肪(3.1419)、粗纤维(2.5293)的平均世代数预计优势可延续到2−3代,即F₂代仍可利用,粗脂肪的强优组合杂种优势可以达到F₄代(0.0000−4.0409)。

六、小黑麦饲草品质性状的遗传相关分析

王瑞清等(2007)将小黑麦15个组合的5个饲草品质性状的加性、显性、表现型、基因型相关系数进行分析,结果列于表7-15。由表7-15可见,饲草品质性状间遗传相关程

度相对较弱,表现型和基因型相关中,粗蛋白与粗灰分的表型相关和基因型相关表现为极显著正相关,表型相关系数为 0.466 7,基因型相关系数为 0.830 6。粗蛋白与粗脂肪的表型相关不显著,而基因型相关表现为极显著负相关;粗蛋白与粗纤维的表型相关和基因型相关表现为显著负相关。无氮浸出物与粗灰分、粗脂肪、粗纤维的表型相关和基因型相关表现为极显著负相关。粗脂肪与粗纤维的表型相关和基因型相关表现为极显著正相关,其他成对性状间的表型相关和基因型相关程度比较弱。表型相关和基因型相关虽然在一定程度上可以说明性状间的相关趋势,但对选择和育种最有用的是加性遗传相关。饲草品质性状的加性和显性相关表明,粗蛋白与粗灰分的加性和显性相关也表现为极显著正相关,加性相关系数为 1.000 0,显性相关系数为 0.602 9。粗蛋白与粗脂肪、无氮浸出物的加性和显性相关都不明显;与粗纤维的显性遗传为负的极显著相关,加性相关差异不显著。粗脂肪与粗纤维间表现为极显著的显性正相关,无氮浸出物与粗灰分、粗脂肪、粗纤维间表现为极显著显性负相关,其他成对性状间的加性和显性相关程度比较弱。

表 7-15　饲草品质性状的遗传相关系数

性状	粗蛋白	粗灰分	粗脂肪	粗纤维	无氮浸出物
粗蛋白		1.000 0**	0.000 0	0.000 0	0.000 0
		0.602 9**	−0.214 4	−0.285 3**	0.115 6
粗灰分	0.466 7**		0.000 0	0.000 0	0.000 0
	0.830 6**		0.173 2	0.139 8	−0.289 0**
粗脂肪	0.022 3	0.076 2*		0.000 0	0.000 0
	−0.134 2**	0.106 9		0.931 2**	−0.951 7**
粗纤维	−0.186 9*	−0.001 2	0.581 7**		0.000 0
	−0.209 6*	0.034 4	0.699 5**		−0.980 7**
无氮浸出物	−0.119 4	−0.225 2**	−0.663 6**	−0.726 1**	
	−0.017 9	−0.258 7**	−0.715 8**	−0.723 7**	

注:左下角上行为表现型相关系数(r_P)、下行为基因型相关系数(r_G),右上角上行为加性相关系数(r_A)、下行为显性相关系数(r_D)。“*、**”分别表示达到 0.05、0.01 概率显著水平。

七、小黑麦产量相关性状与饲草品质性状的遗传相关分析

对小黑麦 15 个组合 6 个产量相关性状和 5 个饲草品质性状的加性、显性、表现型、基因型相关系数进行分析,结果列于表 7-16。从产量相关性状和饲草品质性状的相关可以看出,单株产量与粗灰分、粗脂肪、粗纤维有极显著正相关,表型相关系数分别为 0.378 3、0.367 2、0.309 3,基因型相关系数分别为 0.757 7、0.632 9、0.574 1。单株产量与无氮浸出物的表型相关和基因型相关表现为极显著负相关,与粗蛋白的表型相关和基因型相关差

异不显著。每穗粒数与粗蛋白、粗灰分、粗脂肪、粗纤维的表型相关和基因型相关有极显著正相关，与无氮浸出物表现为极显著负相关。千粒重与粗脂肪、粗纤维的表型相关和基因型相关有极显著正相关，与无氮浸出物表现为极显著负相关。株高与粗脂肪、粗纤维的表型相关和基因型相关有极显著正相关，与粗蛋白、粗灰分、无氮浸出物表现为显著或极显著负相关。穗下节间长与粗蛋白、粗灰分的表型相关和基因型相关表现为极显著负相关，与粗脂肪、粗纤维表现为极显著正相关。总之，在表型相关和基因型相关中，小黑麦产量相关性状和饲草品质性状间表现为极显著正相关关系的多于极显著负相关关系的，说明提高产量相关性状的同时也有望改善饲草品质性状。

表 7-16　产量相关性状与饲草品质性状的遗传相关系数

性状		单株产量	每穗粒数	千粒重	株高	穗下节间长	穗长
粗蛋白	r_A	1.000 0**	1.000 0**	0.710 5**	−1.000 0**	−1.000 0**	0.000 0
	r_D	−0.242 3**	−0.451 2**	0.117 5	−0.496 1**	−0.709 6*	−1.000 0**
	r_P	−0.015 7	0.085 2**	0.109 0	−0.478 5**	−0.435 2**	−0.081 6*
	r_G	0.309 7	0.373 8**	0.321 3	−0.706 2**	−0.688 6**	−0.910 5
粗灰分	r_A	1.000 0**	1.000 0**	0.173 1**	−1.000 0**	−1.000 0**	0.000 0
	r_D	0.566 3**	0.411 1	0.139 5**	−0.056 6*	−0.064 0*	0.266 7
	r_P	0.378 3**	0.414 3**	0.162 0	−0.398 5**	−0.439 7**	−0.013 8
	r_G	0.757 7**	0.782 4**	0.152 9	−0.715 3**	−0.796 1**	−0.026 3
粗脂肪	r_A	0.000 0	0.000 0	0.000 0	0.000 0	0.000 0	0.000 0
	r_D	0.980 9**	0.649 1**	0.979 7**	0.965 6**	1.000 0**	0.529 2**
	r_P	0.367 2**	0.170 8**	0.391 9**	0.211 4**	0.101 0**	0.137 8+
	r_G	0.632 9**	0.266 2**	0.567 3**	0.272 2**	0.144 9**	0.377 9
粗纤维	r_A	0.000 0	0.000 0	0.000 0	0.000 0	0.000 0	0.000 0
	r_D	0.944 5**	0.594 4**	0.954 7**	0.771 7**	1.000 0**	0.559 9**
	r_P	0.309 3**	0.105 3*	0.354 3**	0.185 6**	0.102 2**	0.177 6
	r_G	0.574 1**	0.208 6**	0.532 5**	0.254 8**	0.158 2**	0.440 9
无氮浸出物	r_A	0.000 0	0.000 0	0.000 0	0.000 0	0.000 0	0.000 0
	r_D	−0.978 7**	−0.590 0**	−1.000 0**	−0.769 4**	−1.000 0**	−0.452 9**
	r_P	−0.371 3**	−0.185 5**	−0.411 0**	−0.049 1	0.037 1	−0.156 3
	r_G	−0.707 2**	−0.344 1**	−0.610 3**	−0.101 1**	0.007 3	−0.299 8

注："*"表示 0.05 水平差异达到了显著水平，"**"表示 0.01 水平差异达到了显著水平。

从产量相关性状和饲草品质性状间的加性和显性相关可以看出，粗蛋白与单株产量、每穗粒数、千粒重以及粗灰分与单株产量、每穗粒数、千粒重成对性状间均表现为极显著的加性正相关。粗蛋白与株高、穗下节间长以及粗灰分与株高、穗下节间长间均表现为显著或极显著的加性和显性负相关。粗脂肪与粗纤维分别与 6 个产量相关性状间均表现为极显著的显性正相关。无氮浸出物与 6 个产量相关性状间均表现为极显著的显性负相关。总之产量相关性状和饲草品质性状的显性相关比加性相关明显，使得对性状的选择效果会受到一定的影响。

八、小黑麦饲草品质性状的配合力分析

（一）小黑麦饲草品质性状的配合力方差

饲草品质性状配合力方差分析结果表明（表 7-17），各性状的一般配合力（GCA）方差和特殊配合力（SCA）方差均达到了极显著水平。GCA 与 SCA 之间的均方之比是衡量各效应相对重要性的指标，计算各性状的 GCA/SCA 均方之比为（0.030 6～3.528 3）：1，由此可见，饲草品质性状在杂种后代的表现由基因的加性效应和非加性效应共同决定。

表 7-17　饲草品质性状的配合力方差分析

性状	机误	一般配合力		特殊配合力		GCA/SCA
		MS	*F*	*MS*	*F*	
粗蛋白	0.043 3	2.629 1	60.738 9**	0.745 2	17.214 5**	3.528 3
粗灰分	0.007 2	0.905 9	125.760 9**	0.276 5	38.381 9**	3.276 6
粗脂肪	0.009 2	0.085 0	9.200 0**	2.774 5	300.265 1**	0.030 6
粗纤维	0.015 7	2.425 7	154.712 0**	41.831 2	2 668.001 0**	0.058 0
无氮浸出物	0.034 0	5.473 0	160.978 3**	62.599 3	1841.262 0**	0.087 4

注："*"表示 0.05 水平差异达到了显著水平，"**"表示 0.01 水平差异达到了显著水平。

（二）小黑麦饲草品质性状的一般配合力分析

表 7-18 结果表明，同一性状不同亲本，同一亲本不同饲草品质性状间的一般配合力效应值存在明显差异。新小黑麦 5 号、新小黑麦 1 号的粗蛋白、粗灰分的一般配合力效应值显著高于其他亲本，是提高粗蛋白、粗灰分含量相对较好的育种亲本。H03-7 的粗脂肪的一般配合力效应值均居于 6 个亲本之首，因此它是用于提高粗脂肪含量的首选亲本。04 草鉴 3、新小黑麦 4 号、H03-7 的粗纤维的一般配合力效应值较高，因此在选择提高粗纤维的亲本时可以优先考虑这三个亲本。新小黑麦 3 号的无氮浸出物的一般配合力效应值最高，因此它是用于提高无氮浸出物含量的首选亲本。总之，新小黑麦 5 号、新小黑麦 1 号的粗蛋白、粗灰分和粗脂肪的一般配合力效应值表现为正向效应，而且效应值较高，粗纤维的一般配合力效应值又不是很高，因此新小黑麦 5 号和新小黑麦 1 号是改善饲草品质性状较好的亲本。

表 7-18　各亲本饲草品质性状的一般配合力效应值

亲本	粗蛋白		粗灰分		粗脂肪		粗纤维		无氮浸出物	
	效应值	0.05	效应值	0.05	效应值	0.05	效应值	0.05	效应值	0.05
P_1	0.948 1	a	0.504 8	a	0.032 5	b	−0.551 9	d	−0.984 0	e
P_2	0.438 7	b	0.217 1	b	0.028 3	b	−0.187 8	c	−0.487 0	d
P_3	−0.150 1	c	−0.170 1	d	−0.047 6	bc	0.605 7	a	0.066 0	b
P_4	−0.336 8	cd	−0.480 1	e	−0.086 1	c	−0.678 0	e	1.478 2	a
P_5	−0.375 7	d	−0.002 5	c	−0.103 1	c	0.506 3	a	−0.143 7	c
P_6	−0.524 3	d	−0.069 3	c	0.176 0	a	0.305 7	b	0.070 5	b

(三)小黑麦饲草品质性状的特殊配合力分析

表 7-19 表明,同一饲草品质性状不同组合的特殊配合力效应值差异很大。如粗蛋白的特殊配合力效应值变幅在−1.523 4～1.576 9 之间,正向效应的有 5 个组合,2×3 组合的效应值最高,2×6 组合的效应值最低。粗灰分的特殊配合力效应值变幅在−1.227 7～0.585 5 之间,正向效应有 8 个组合,2×5 组合的效应值最高,2×6 组合的效应值最低。粗脂肪的特殊配合力效应值变幅在 0.390 3～1.642 8 之间,正向效应的有 15 个组合,1×4 组合的效应值最高,2×4 组合的效应值最低。粗纤维的特殊配合力效应值变幅在−0.574 4～8.809 6 之间,正向效应的有 13 个组合,1×5 组合的效应值最高,2×5 组合的效应值最低。无氮浸出物的特殊配合力效应值全是负向效应。即使在同一组合中,因性状不同而特殊配合力效应值也有较大差异,从配制的 15 个组合来看,2×4、3×5 组合的特殊配合力效应值在 4 个性状上均表现为正向效应,而且效应值较高,因此可以成为提高饲草品质性状相对较好的组合。

表 7-19　F_1 不同组合饲草品质性状的特殊配合力效应

杂交组合	粗蛋白	粗灰分	粗脂肪	粗纤维	无氮浸出物
1×2	−0.475 8	0.222 8	0.408 4	3.943 7	−4.268 0
1×3	−0.217 0	0.375 5	0.982 1	3.498 1	−3.961 0
1×4	−0.178 1	−0.122 2	1.642 8	0.581 7	−2.077 7
1×5	−0.497 0	−0.329 9	1.189 8	8.809 6	−8.651 3
1×6	−0.230 6	0.112 5	1.048 5	2.280 3	−3.079 9
2×3	1.576 9	0.083 2	1.436 3	−0.093 7	−3.332 4
2×4	0.675 8	0.535 4	0.390 3	3.797 6	−4.622 4
2×5	−0.069 8	0.585 5	0.841 7	−0.574 4	−1.418 3
2×6	−1.523 4	−1.227 7	0.567 1	2.916 2	−0.244 6

杂交组合	粗蛋白	粗灰分	粗脂肪	粗纤维	无氮浸出物
3×4	−0.599 9	−0.085 2	1.060 7	3.838 6	−4.143 3
3×5	1.199 0	0.147 2	0.517 7	3.924 3	−6.473 5
3×6	0.449 8	0.454 0	0.478 7	1.622 8	−3.187 7
4×5	−0.546 6	−0.062 8	1.146 2	6.775 7	−7.785 8
4×6	−0.300 2	−0.730 4	0.697 1	2.121 9	−2.359 9
5×6	0.420 9	−0.105 9	0.474 1	3.617 6	−3.908 0

注:1×2 表示亲本 1,2 的杂交组合,其他类推,1.新小黑麦 5 号,2.新小黑麦 1 号,3.04 草鉴 3,4.新小黑麦 3 号,5.新小黑麦 4 号和 6.H03-7。

第五节　小黑麦种子外观品质性状的遗传分析

　　农作物品质育种的深入发展,促进了种子数量性状的遗传研究。种子的营养物质由母体植株所提供,因此种子的数量性状表现可能会同时受到种子核基因和母体植株核基因两套遗传体系的控制。另外细胞质基因也可能通过控制叶绿体(或线粒体)的合成而影响植株的光合(或呼吸)作用,从而间接控制种子性状的表现。当分析种子性状时,Cockerham(1980)的广义遗传模型需要进一步扩展。Zhu 和 Weir(1994)提出了包括种子核基因、细胞质基因和母体核基因遗传效应的广义遗传模型。这个遗传模型可以把总遗传效应进一步分解为直接加性效应、直接显性效应、细胞质效应、母体加性效应和母体显性效应。因而总遗传方差分解为直接遗传方差、细胞质方差和母体遗传方差,并可进一步分解为五项遗传方差分量。种子性状的广义遗传模型,为发展具有生物学意义的双子叶作物二倍体种子模型和单子叶作物三倍体胚乳模型奠定了基础。根据广义遗传模型所定义的各项遗传参数,利用若干环境下遗传试验(在田间种植亲本和 F_1,由其自交产生亲本种子和 F_2 种子,亲本间杂交可获得 F_1 种子)的资料,便可有效地分析控制种子性状的三套遗传体系的基因效应及其与环境的互作效应。

　　禾谷类作物的种子胚乳是三倍体,提供其营养物质的母体植株是二倍体。有些胚乳性状的表现可能同时受到胚乳的三倍体基因和母体植株二倍体基因的共同控制。以往用二倍体或三倍体遗传模型对大麦、小麦等作物的种子进行遗传分析的较多,而对小黑麦种子遗传分析的研究尚未见公开报道。本试验选用 6 个粒形差异较大的小黑麦品种进行完全双列杂交,以亲本和 F_1 植株上结的 F_2 种子为材料,采用朱军提出的胚乳性状遗传模型及其分析方法,分析了小黑麦的粒长、粒宽、粒厚等性状的种子直接遗传效应、细胞质效应和母体植株遗传效应;计算了各性状的遗传方差、协方差分量,分别计算遗传率,为小黑麦种子外观品质性状育种提供理论依据。

一、小黑麦亲本与 F₂ 种子粒形表型值

王瑞清等(2007)选用 6 个粒形差异较大的小黑麦品种 P_1(新小黑麦 5 号),P_2(新小黑麦 1 号),P_3(04 草鉴 3),P_4(新小黑麦 3 号),P_5(新小黑麦 4 号)和 P_6(H03-7)采用完全双列杂交(6 个亲本,15 个组合,无反交)试验。田间试验是在石河子大学农学试验站进行,前茬为油葵绿肥。2005 年 5 月配置了杂交组合,得到了 15 个杂交组合的 F_1,同年 7 月,对 F_1 种子进行春化和去休眠处理,在智能温室种植亲本和 F_1,两行区,行长1.5 m,三次重复,人工点播,行距 20 cm,粒距 5 cm。成熟后以亲本和 F_1 植株上结的 F_2 种子为试验对象,每个材料每次重复取 10 粒用游标卡尺测定种子长、宽、厚等,并分别计算平均值。

由表 7-20 可以看出供试亲本在种子外观性状上存在明显的差异。小黑麦各品种的粒长、粒宽、粒厚、长宽比和长厚比的平均值分别为 8.44、3.39、3.23、2.49 和 2.62,变异范围分别为 7.4—10.0、3.4—3.7、2.74—3.6、2.14—2.87 和 2.24—3.17。亲本中 P_4(新小黑麦 3 号)和 P_6(H03-7)种子较长,P_1(新小黑麦 5 号)和 P_2(新小黑麦 1 号)种子较短厚。从 F_2 种子性状的平均值可以看出,与 P_6(H03-7)杂交的组合种子较长,与 P_2(新小黑麦 1 号)杂交的组合种子较短厚。从亲本种子和 F_2 种子平均值表现可预测小黑麦粒宽呈正向优势,而长宽比和长厚比呈负向优势。

表 7-20 小黑麦 6 个亲本及其 F_2 种子外观性状的平均值

基因型	粒长	粒宽	粒厚	长宽比	长厚比
P_1	7.83	3.31	3.15	2.37	2.49
P_2	8.35	3.33	3.29	2.52	2.54
P_3	7.52	3.42	3.17	2.20	2.38
P_4	9.29	3.44	3.34	2.70	2.79
P_5	8.24	3.32	3.18	2.49	2.60
P_6	9.40	3.51	3.23	2.68	2.91
亲本平均	8.44	3.39	3.23	2.49	2.62
F_2(1)	8.39	3.67	3.34	2.30	2.52
F_2(2)	8.92	3.75	3.42	2.39	2.62
F_2(3)	8.40	3.94	3.51	2.14	2.39
F_2(4)	8.80	3.85	3.51	2.29	2.51
F_2(5)	8.80	3.79	3.44	2.34	2.58
F_2(6)	9.30	3.90	3.58	2.38	2.61
F_2代平均	8.77	3.82	3.47	2.31	2.54

二、小黑麦种子外观性状遗传方差分量的估算

种子粒形的各项方差和协方差分量估计值列于表 7-21。由表 7-21 可见,控制种子粒长的遗传效应主要是种子直接加性效应($V_A = 0.138 * *$),种子直接遗传方差($V_A + V_D$)占总遗传方差量($V_A + V_D + V_{Am} + V_{Dm} + V_E$)的 44.66%,因此对粒长的改良应以单粒种子选择为主。种子的粒宽、粒厚、长宽比和长厚比的遗传效应主要是受母体显性效应控制,母体遗传方差($V_{Am} + V_{Dm}$)占总遗传方差量的 35.59～51.52%,因此根据植株的总体表现对这些性状进行选择可以获得较好的效果。研究结果证实只有粒长和粒厚存在细胞质效应,其他性状的细胞质效应较弱。在所分析的性状中粒长、长宽比的加性效应协方差($C_{A.Am} = 0.122 * *$ 和 0.015 *)达到了显著水平,说明影响这两个性状的胚乳和母体加性效应作用方向相同。其他外观性状中胚乳核基因遗传效应的表现与母体植株核基因遗传效应的表现无关。表 7-21 结果还表明,小黑麦种子外观性状的剩余方差(V_e)均达到了显著水平,说明小黑麦种子外观性状的表现除受各种遗传效应的控制外,还明显受到环境机误或抽样误差的影响,但其值不大,这表明上述种子性状主要受制于基因的各种遗传效应。

表 7-21　小黑麦外观性状的遗传方差和协方差分量估计值

参数	粒长	粒宽	粒厚	长宽比	长厚比
种子直接加性方差 V_A	0.138 * *	0.012 * *	0.005 * *	0.016 * *	0.013 * *
种子直接显性方差 V_D	0.000	0.000	0.000	0.000	0.000
细胞质方差 V_C	0.044 * *	0.000	0.020 * *	0.000	0.000
母体加性方差 V_{AM}	0.027 * *	0.002 * *	0.001 * *	0.003 * *	0.002 * *
母体显性方差 V_{DM}	0.085	0.041 * *	0.017 * *	0.021 * *	0.015 * *
种子直接加性与母体加性方差 $C_{A.AM}$	0.122 * *	0.011	0.004	0.015 *	0.011
种子直接显性与母体显性方差 $C_{D.DM}$	0.000	0.000	0.000	0.000	0.000
机误方差 V_e	0.105 * *	0.038 * *	0.046 * *	0.018 * *	0.024 * *

注:"*"表示 0.05 水平差异达到了显著水平,"* *"表示 0.01 水平差异达到了显著水平。

三、小黑麦种子外观品质遗传效应的预测

遗传方差分析的结果表明各遗传效应对小黑麦种子外观品质的表现存在不同程度的影响,因此有必要对达到显著水平的遗传效应做进一步分析,以便了解亲本的育种价值。胚乳直接加性效应(A)、母体加性效应(A_m)和细胞质效应(C)的预测值(表 7-22)表明亲本 P_1(新小黑麦 5 号)的胚乳直接加性和母体加性效应在粒长和粒宽的表现中均为负向的减值作用,而且对粒长的减值作用明显大于粒宽,P_3(04 草鉴 3)的胚乳直接加性

和母体加性效应在粒长的表现中为负向的减值作用,而在粒宽中表现为弱的正向增值作用,因此这两个亲本在胚乳直接加性和母体加性效应的作用下,可以降低后代种子的长宽比,优化后代种子的粒形。P_6(H03-7)的母体加性在粒长、粒宽均表现为正向的增值作用,粒长的增幅大于粒宽,因而可以增加后代种子的长宽比,对改善粒形不利。P_2(新小黑麦 1 号)、P_6(H03-7)的加性在长宽比和长厚比中均表现为正向的增值作用,会增加后代的长宽比和长厚比。细胞质效应预测的结果表明,P_2(新小黑麦 1 号)、P_6(H03-7)的细胞质效应能明显增加或降低后代粒长,而 P_4(新小黑麦 3 号)、P_6(H03-7)的细胞质效应明显增加或降低粒厚。就种子外观性状的总体情况而言,参试亲本以 P_1(新小黑麦 5 号)、P_3(04 草鉴 3)为好,三种遗传效应均显著改善多数外观性状。

表 7-22　小黑麦种子外观性状遗传效应预测值

遗传效应		P_1	P_2	P_3	P_4	P_5	P_6
粒长	直接加性 A	−0.163**	0.042+	−0.201**	0.005	0.027	0.29
	细胞质 C	−0.043	0.234*	0.078	0.210+	−0.237+	−0.243*
	母体加性 A_m	−0.109**	0.028+	−0.134**	0.004	0.018	0.194**
粒宽	直接加性 A	−0.074**	−0.047+	0.052+	0.019	−0.006	0.054*
	细胞质 C	0.000	0.000	0.000	0.000	0.000	0.000
	母体加性 A_m	−0.049*	−0.032+	0.035+	0.013	−0.004	0.036+
粒厚	直接加性 A	−0.041	−0.023	0.015	0.008	−0.008	0.050
	细胞质 C	0.009	0.094	0.088+	0.155*	−0.141	−0.207**
	母体加性 A_m	−0.027	−0.015	0.010	0.005	−0.005	0.033
长宽比	直接加性 A	0.003	0.055**	−0.109**	−0.016	0.017	0.050**
	细胞质 C	0.000	0.000	0.000	0.000	0.000	0.000
	母体加性 A_m	0.001	0.037**	−0.073**	−0.010	0.011	0.033**
长厚比	直接加性 A	−0.013	0.045*	−0.093**	−0.010	0.025	0.046**
	细胞质 C	0.000	0.000	0.000	0.000	0.000	0.000
	母体加性 A_m	−0.009	0.030*	−0.062**	−0.006	0.017	0.031**

注:"*"表示 0.05 水平差异达到了显著水平,"**"表示 0.01 水平差异达到了显著水平。

四、小黑麦种子外观性状遗传率的估算

由于种子外观性状同时受到三套遗传体系(胚乳核基因、母体植株基因和细胞质基因)的控制。狭义遗传率也可以进一步区分为胚乳直接遗传率(h_O^2)、母体遗传率(h_m^2)和细胞质遗传率(h_c^2)。试验结果(表 7-23)表明小黑麦种子粒长、长宽比、长厚比的胚乳直接遗传率较高,均达到了极显著水平,在低世代对这些性状进行单粒选择能够取得良好

的效果。小黑麦粒厚的细胞质遗传率也达到了极显著水平,说明在总遗传率中细胞质遗传率也是非常重要的。

表 7-23 小黑麦种子外观性状遗传率的估算值

遗传率	粒长	粒宽	粒厚	长宽比	长厚比
种子直接遗传率 h_0^2	0.404**	0.200*	0.093	0.352**	0.316**
细胞质遗传率 h_c^2	0.068	0.000	0.206**	0.000	0.000
母体遗传率 h_m^2	0.232**	0.113	0.052	0.205*	0.171*
总狭义遗传率 h^2	0.705**	0.313**	0.351**	0.557**	0.487**

注:"*"表示 0.05 水平差异达到了显著水平,"**"表示 0.01 水平差异达到了显著水平。

禾谷类作物种子性状受种子直接遗传效应、母体植株遗传效应、细胞质遗传效应三套遗传体系所控制。种子直接遗传效应可进一步分解为直接加性和直接显性遗传分量;母体植株遗传效应可分解为母体加性和母体显性遗传分量,控制不同性状的遗传机制不同。本研究通过分析小黑麦种子外观品质性状的遗传规律,比以往的研究更深入。从数量遗传角度考虑,统计模型要求应用亲本、F_2 种子及当代杂交的 F_1 种子进行分析。但谷类作物 F_1 杂交种子的发育受杂交技术和环境条件影响很大,杂交种子往往瘦秕发育不良,且其差异较大,必然影响分析结果的正确性。如果有可靠的不育系材料进行授粉,获得杂交种子进行遗传分析,则可弥补其不足。本试验只利用亲本和 F_2 种子进行了研究,由于缺少 F_1 杂交种子的资料,可能导致某些参数的估算偏差。小黑麦种子粒长的遗传效应主要是种子直接加性效应,因此对粒长的改良应以单粒种子选择为主。种子的粒宽、粒厚、长宽比和长厚比的遗传效应主要是受母体显性效应控制,因此根据植株的总体表现对这些性状进行选择可以获得较好的效果。粒长和粒厚存在细胞质效应,与核基因效应相比,细胞质效应较为微弱。小黑麦粒长、长宽比、长厚比以胚乳直接遗传率为主,均达到了极显著水平,在低世代对这些性状进行单粒选择能够取得良好的效果。粒厚的细胞质遗传率也达到了极显著水平,说明在总遗传率中细胞质遗传率也是重要的。就外观性状的总体情况而言,参试亲本以 P_1(新小黑麦 5 号)、P_3(04 草鉴 3)为好,其三种遗传效应能显著改善多数外观性状。

参 考 文 献

[1] 孙元枢,武镛祥,曹连莆,等.中国小黑麦遗传育种研究与应用[M].杭州:浙江科学技术出版社,2002.

[2] 许庆方.小黑麦的特性及应用研究进展[J].草原与草坪,2008,129(4):80-85.

[3] 孙敏,郭媛.小黑麦生物学特性、营养价值及利用前景[J].山西农业大学学报,2003,23(3):200-204.

[4] 李焰焰,聂传朋,董召荣等.优质饲草小黑麦的品种特性及研究现状[J].安徽农业科学,2005,33(6):1093-1094.

[5] 曹连莆,孔广超,艾尼瓦尔,等.小黑麦生理生态及遗传育种研究与应用[M].北京:经济管理出版社,2011.

[6] 董卫民,张少敏,王宏,等.小黑麦的生产特性及开发利用前景[J].当代畜牧,2002(2):33-35.

[7] 艾尼瓦尔,曹连莆,孔广超,等.以饲草型为主冬春性兼顾是新疆小黑麦发展的方向[J].作物杂志,2005(4):7-8.

[8] Rodrigues M，Coutinho J，Martins F.Efficacy and limitations of Triticale as a nitrogen catch crop in a mediterranean environment.European Journal of Agronomy.2002,17(3): 155-160.

[9] 胡跃高,李志坚,赵环环.绿色饲料的地位及其生产与研究进展[J].自然资源学报,2000,15(2):194-196.

[10] 佟桂芝,马野,魏念春,等.小黑麦的饲用价值[J].黑龙江畜牧科技,2000,(2):18-19.

[11] 黄玉贤.小黑麦的生产特性与应用现状[J].黑龙江畜牧科学,1997(3):33.

[12] 刘后利.作物育种研究与进展[M].南京:东南大学出版社,1994.

[13] Giunta F, Motzo R. Sowing rate and cultivar affect total biomass and grain yield of spring triticale(Triticosecale Wittmack) grown in a Mediterranean-type environment. Field Crops Research 2004,87(2):179-193.

[14] Santiveri F，Royo C,I.Romagosa.Patterns of grain filling of spring and winter hexaploid triti-

cales[J]. European Journalof Agronomy 2002,16(3):219-230.

[15] 陈叔平.国际种质资源保存和研究动向[J].世界农业,1992,(12):13-15.

[16] 赵晓燕.浅谈作物种质资源的保存方法[J].种子,2005,24(6):53-55.

[17] 卢新雄,陈晓玲.我国作物种质资源保存与研究进展[J].中国农业科学.2003,36(10):
1125-1132.

[18] Kendall E J,Kartha K K,Qureshi J A,et al. Cryopreservation of immature spring wheat zygot-
ic embryos using an abscisic pretreatment[J].Plant cell reports,1993,12(2):89-94.

[19] 张云兰,陶梅,郭新荣,等.谷子、绿豆种子超低含水量的研究[J].种子,1994(4):29-31.

[20] Ellis R H, Hong T D, Roberts E H. Survival and vigour of lettuce and sunflower seeds stored
at low and very low moisture contents[J].Annals of Botany,1995,76(5):521-534.

[21] Ellis R H,Hong T D, Roberts E H. The low-moisture-content limit to the negative logarith-
mic relation between seed longevity and moisture content in three subspecies of rice[J].Annals
of Botany,1992,69(1):53-58.

[22] 胡承莲,胡小荣,辛萍萍. 超干燥水稻种子贮藏研究[J].种子,1999(2):18-21.

[23] 胡小荣.种子超低含水量保存对其贮藏寿命影响的研究[D].北京:中国农业科学院,1993.

[24] Zheng G H, Jing X M.Ultradry seed storage cuts cost of gene bank[J].Nature,393(6682):
23-25.

[25] 洪也民,朱诚.种子人工老化处理时有机自由基与种子活力的关系[J].浙江农业大学学报,
1988, 14(2): 181-183.

[26] 曾广文.红花种子超干期间自由基和水分状态的研究[J].浙江农业大学学报,1998(2):
111-115.

[27] Leprince O,Deltour R,Thorpe PC,et al. The role of free radicals and radical processing sys-
tems in lossof desiccation tolerance in germination maize (Zea mays L.)[J].New Phytologist,
2010,116(4):573-580.

[28] 朱诚,曾广文,郑光华.超干花生种子耐藏性与脂质过氧化作用[J].作物学报,2000,26(2):
235-238.

[29] 胡家恕,朱成,曾广文,等.超干红花种子抗老化作用及其机理[J].植物生理学报,1999,25
(2):171.

[30] 程红焱,郑光华,陶嘉龄.超干处理对几种芸苔属植物种子生理生化和细胞超微结构的效应
[J].植物生理学报,1991,17(3):273-284.

[31] 孙红梅,辛霞,林坚,等.温度对玉米种子贮藏最适含水量的影响[J].中国农业科学,2004,
37(5):656-662.

[32] 汪晓峰,景新明,郑光华.含水量对种子贮藏寿命的影响[J].植物学报,2001,43(6):551-557.

[33] 刘刚,刘亚琼,郝爱花,等.种子超干对大豆种子活力的影响初探[J].新疆农业大学学报,2009,
32(6):16-20.

[34] 邹冬梅,黄伟坚.种子超干保存技术的研究现状与前景[J].热带农业科学,2003,23(3):73-76.

[35] 许美玲.烟草种子的老化及发芽规律研究[J].种子,2006,25(9):9-13.

[36] 许美玲.烟草种子超干燥贮藏及其相关技术研究[J].农业工程学报,2005,21(12):156-162.

[37] 许美玲.烟草种子超干燥保存验证试验[J].种子,2003(2):17-20.

[38] 田云芳.向日葵等草花种子超干贮藏生理研究[D].郑州:河南农业大学,2006.

[39] 崔凯,李昆.酸角种子超干保存最适含水量的选择及机制分析[J].西北农业学报,2008,17(3):186-190.

[40] 黄永菊,伍晓明,沈金雄.大豆种子超干燥保存研究[J].中国油料作物学报,2000,22(3):39-43.

[41] 郑普英,伍晓明,黄永菊.大豆种子超干燥保存研究[J].中国油料作物学报,2001,23(1):22-27.

[42] 李晓伟,王志敏,汤青林,等.大葱种子超干贮藏遗传完整性的过氧化物同工酶和酯酶同工酶研究[J].南方农业,2009(3):58-61.

[43] 胡小荣,陶梅,卢新雄,等.超干燥种子贮藏于不同温度下的呼吸作用及乙烯释放量的研究[J].种子,2006,25(2):13-16.

[44] 张晗,卢新雄,张志娥,等.种子老化对玉米种质资源遗传完整性变化的影响[J].植物遗传资源学报,2005,6(3):271-275.

[45] 王小丽,李志勇,李鸿雁,等.种子老化对扁蓿豆种质遗传完整性变化的影响[J].中国草地学报,2010,32(6):52-57.

[46] 刘信.水稻种子耐干性机理和超干种子贮藏稳定性的研究[D].杭州:浙江大学,2003.

[47] 卢新雄.种子种质贮藏方法学研究的现状[J].种子,1992,(6):25-28.

[48] 张荣庆,陈慧,王瑞清.小黑麦耐盐种质资源的筛选[J].种子,2016,35(10):61-64.

[49] 许能祥,顾洪如,程云辉,等.不同多花黑麦草品种萌发期耐盐性评价[J].草业科学,2011,28(10):1820-1824.

[50] 王军,张灿宏,迟铭,等.大麦耐盐性与其主要性状典型相关分析[J].江西农业学报,2011,23(2):5-8.

[51] 张国伟,路海玲,张雷,等.棉花萌发期和苗期耐盐性评价及耐盐指标筛选[J].应用生态学报,2011,22(8):2045-2053.

[52] 王萌萌,姜奇彦,胡正,等.小麦品种资源耐盐性鉴定[J].植物遗传资源学报,2012,13(2):189-194.

[53] 孙宗玖,李培英,阿不来提,等.种子萌发期38份偃麦草种质耐盐性评价[J].草业科学,2012,29(7):1105-1113.

[54] 王瑞清,王有武,徐晓燕,等.小黑麦种质资源农艺性状的相关及聚类分析[J].新疆农业科学,2015,52(9):1591-1599.

[55] 徐佳慧,赵晓亭,毛凯涛,等.非生物逆境胁迫下的种子萌发调控机制研究进展[J].陕西师范大学学报(自然科学版),2021,49(3):71-83.

[56] 岩学斌,袁金海.盐胁迫对植物生长的影响[J].安徽农业科学,2019,47(4):30-33.

[57] 李有梅,梁珣.典型相关分析综述[J].中国计量大学学报,2017,28(1):113-118.

[58] 郑安俭,王州飞,张红生.作物种子萌发生理与遗传研究进展[J].江苏农业学报,2017,33(1):218-223.

[59] 彭程.盐胁迫对植物的影响及植物耐盐研究进展[J].山东商业职业技术学院学报,2014,14(2):123-128.

[60] 闫慧芳,夏方山,毛培胜.种子老化及活力修复研究进展[J].中国农学通报,2014,30(3):20-26.

[61] 孙常玉,傅兆麟.人工加速小麦种子老化的研究进展[J].安徽农学通报,2013,19(7):27.

[61] 王骏,王士同,邓赵红.聚类分析研究中的若干问题[J].控制与决策,2012,27(3):321-328.

[62] 杜鹃.通径分析在 Excel 和 SPSS 中的实现[J].陕西气象,2012(1):15-18.

[63] 罗珊,康玉凡,夏祖灵.种子萌发及幼苗生长的调节效应研究进展[J].中国农学通报,2009,25(2):28-32.

[64] 刘艳丽,许海霞,刘桂珍,等.小麦耐盐性研究进展[J].中国农学通报,2008(11):202-207.

[65] 李新蕊.主成分分析、因子分析、聚类分析的比较与应用[J].山东教育学院学报,2007(6):23-26.

[66] 林和平,刘丁慧,鲍乃源.灰色相关分析及其应用研究[J].吉林大学学报(信息科学版),2007(1):84-90.

[67] 敬艳辉,邢留伟.通径分析及其应用[J].统计教育,2006(2):24-26.

[68] 施朝健,张明铭.Logistic 回归模型分析[J].计算机辅助工程,2005,14(3):74-78.

[69] 严丽坤.相关系数与偏相关系数在相关分析中的应用[J].云南财贸学院学报,2003,19(3):78-80.

[70] 张彩霞,柴守诚,郑炜君.六倍体小黑麦 T 型细胞质雄性不育体系杂种优势与配合力的研究[J].西北植物学报,2005,25(5):898-902.

[71] 张玉清,金晓梅,张庆祥,等.饲用小黑麦蛋白质含量的研究[J].黑龙江畜牧兽医,1997,(7):23-24.

[72] 张丽英.饲料分析及饲料质量检测技术[M].2 版.北京:中国农业大学出版社,2003.

[73] 马育华.植物育种的数量遗传学基础[M].南京:江苏科学技术出版社,1982.

[74] 刘来福.作物数量遗传[M].北京:农业出版社,1982.

[75] 刘垂玗.作物数量性状的多元遗传分析[M].北京:农业出版社,1991.

[76] 唐启义,冯明光.实用统计分析及其 DPS 数据处理系统[M].北京科学出版社,2002.

[77] 朱军.遗传模型分析方法[M].北京:中国农业出版社,1997.

[78] 王瑞清,曹连莆,闫志顺,等.小黑麦数量性状遗传研究进展[J].种子,2006,25(9):34-37.

[79] 齐志广,赵颂民,沈银柱,等.普通小麦与小黑麦杂交后代农艺性状分析[J].华北农学报,2003,18(1):68-71.

[80] 张玉清.小麦与小黑麦杂交子粒蛋白质含量遗传研究[J].黑龙江农业科学,1995,(3):20-23.

[81] 岳平,孙其信,张爱民,等.不同倍性麦类作物杂种优势比较分析[J].北京农业大学学报,1993,19:71-75.

[82] 樊存虎,王曙光,孙黛珍.普通小麦品种间以及与六倍体小黑麦种间杂种 F1 农艺性状的遗传分析[J].中国农学通报,2009,25(10):137-139.

[83] 孙元枢,王崇义.雄性核不育小黑麦在育种上利用的研究[J].作物学报,1992(2):145.

[84] 周小鹭,李集临.八倍体小黑麦与普通小麦杂交后代的细胞遗传学研究[J].哈尔滨师范大学自然科学学报,2007,23(1):90-95.

[85] 李集临,贲一新.八倍体小黑麦(Triticale)与六倍体小黑麦杂交若干问题的探讨[J].作物学报,1988(2):103.

[86] 王瑞清.小黑麦主要经济性状的数量遗传分析[D].石河子:石河子大学,2007.

[87] 王瑞清,曹连莆,李诚,等.小黑麦 F_1、F_2 产量性状的遗传率和群体杂种优势分析[J].麦类作物学报,2008,28(6):956-959.

[88] 王瑞清,曹连莆,李诚.小黑麦主要经济性状的典型相关分析[J].新疆农业科学,2007,44(23):

82-85.

[89] 王瑞清,曹连莆,闫志顺,等.6个小黑麦品种产量构成性状的基因效应和配合力分析[J].麦类作物学报,2007,27(3):428-432.

[90] 王瑞清,曹连莆,闫志顺,等.小黑麦产量性状的遗传和相关分析[J].种子,2007,26(6):60-62.

[91] 王瑞清,李诚,邵红雨,等.小黑麦产量性状的配合力分析[J].安徽农业科学,2007,35(13):3795-3796.

[92] 王瑞清,闫志顺,李诚,等.小黑麦种子外观品质性状的遗传研究[J].麦类作物学报,2007,27(1):41-44.

[93] 王瑞清,闫志顺,李诚,等.小黑麦饲草品质性状的配合力分析[J].新疆农业科学,2007,44(6):881-884.

[94] 王瑞清,曹连莆,李诚,等.小黑麦饲草品质性状的基因效应分析[J].新疆农业科学,2009,46(2):258-261.

[95] 王有武,王瑞清,黄小晶,等.应用灰色关联度综合评价冬性小黑麦品种区域试验[J].安徽农业科学,2009,37(16):7375-7377.

[96] 邓聚龙.农业系统灰色理论与方法[M].济南:山东科学技术出版社,1988.